给予你有温度的陪伴

# 非常困惑
## ——聊惑青春

### 编委会

主　编　张含芬
副主编　陈蕾馨
编　委　王　洋　郑晓斌　蒋如意　王　怡
　　　　赵灵兵　陈　静　张珍萍　蒋　燕
　　　　郭肖斐　朱盼盼　钟海萍　王国华

上海教育出版社
SHANGHAI EDUCATIONAL
PUBLISHING HOUSE

图书在版编目（CIP）数据

非常困惑：聊惑青春 / 张含芬主编. — 上海：上海教育出版社，2021.5
ISBN 978-7-5720-0780-4

Ⅰ.①非… Ⅱ.①张… Ⅲ.①青春期 - 青少年心理学 Ⅳ.①B844.2

中国版本图书馆CIP数据核字(2021)第097559号

责任编辑　李秋彦
美术编辑　蒋　妤

FEICHANG KUNHUO LIAOHUO QINGCHUN
非常困惑——聊惑青春
张含芬　主编

| | |
|---|---|
| 出版发行 | 上海教育出版社有限公司 |
| 官　网 | www.seph.com.cn |
| 地　址 | 上海市永福路123号 |
| 邮　编 | 200031 |
| 印　刷 | 启东市人民印刷有限公司 |
| 开　本 | 890×1240　1/32　印张 8 |
| 字　数 | 204 千字 |
| 版　次 | 2021年6月第1版 |
| 印　次 | 2021年6月第1次印刷 |
| 书　号 | ISBN 978-7-5720-0780-4/G·0598 |
| 定　价 | 29.80 元 |

如发现质量问题，读者可向本社调换　电话：021-64377165

# 序

余国良

两年前，我在青岛第一次见到浙江温岭的小蜗牛班主任团队，就对他们独具一格的魅力留有深刻的印象。

那次是全国"种子杯"班主任风采大赛，小蜗牛班主任团队领衔人张含芬在访谈栏目中介绍了团队"柔软的教育"这一理念，深入人心。在团队风采展示中，他们的班主任服装秀轰动全场，演绎了与传统观念完全不一样的班主任形象，青春、时尚、有活力，又兼具班主任的严谨、理性和持重。我想，这样的班主任团队，肯定是能尊重学生、充分考虑学生感受的。两年来，我常常关注着小蜗牛团队的成长，非常欣赏这个团队踏实又有无限创意的工作作风。

这次他们编写的青春读本《非常困惑——聊惑青春》 书，更是让我惊喜。

我很欣赏小蜗牛工作室这个团队的研究精神。

他们将工作中遇见的问题作为课题来研究。围绕着"青春期"这个"问题集中营"，精心设计学生愿意填写的困惑征集表，收集了一千多个真实困惑，归类、筛选，然后依据"成长烦恼""亲子关系""师生关系""同伴关系""学习压力""异性交往"等方面，最后留下32个典型的"少年惑"。因为少年有解不开的困惑，家长、老师自然会因解不开"少年惑"而深深困惑，故又有了"教师惑""家长惑"的收集。他们将"惑"视为自己专业成长的"天使"，收集困惑、了解困惑、理解困惑，这种独特的方式，正是班主任真正走进孩子内心世界的绝好小径。"聊惑人"的选择也不拘一格，既有专业的心理专家、作家、教师，也有青少年，甚至还有部分就是初中生。这样的方式,精神可贵,方法得当。

我很喜欢这些惑。

这本书之所以好看,首先是"惑"很吸引人。"非常困惑",既是"十分困惑""很困惑",更是指"非常态""非一般"的困惑。书中的困惑就是当下发生的正在困扰着"惑主"的真实可感的"真惑"。翻开书页,我就被这些困惑所吸引。"不想当女生,可以吗?""不想被比较,好不好?""弟弟的秘密,我该说出来吗?""能给我'重置'父母吗?"……每一个困惑都深深地吸引着我,这才是我们的教育面对的真实情况啊。其次是教育理念吸引我。张含芬老师主张并践行的"柔软的教育艺术"在这本书中体现得淋漓尽致。他们"舍我从人",舍弃自己固有的教育成见,依从"惑主"的内心,以柔软的方式,将心理学、教育学的理论以最形象生动的方式娓娓道来,读来如沐春风。更为可贵的是,面对任何难解的惑,他们都不畏怯,也不硬碰,并且不以"解惑人"的态度去回复问题,而是以"陪你聊惑"的平等、贴心的态度去接近困惑,小心翼翼地试图拨开那些青春的迷雾,让困惑者的心灵能以自己的力量重见阳光。

我认为,这本书的受众可以很广。

它是少年成长中的床头书,中小学教师工作的案头书,年轻教师入门的工具书,也是家长们育儿的参考书。同时,此书也为各类学校班主任工作室如何开展工作提供了借鉴。

2021 年 4 月 26 日

## ○ 少年惑

3 / 1. 不想当女生,可以吗?

6 / 2. 不想被比较,好不好?

10 / 3. 不想随大流,怎么办?

14 / 4. 弟弟的秘密,我该说出来吗?

18 / 5. 学业VS电竞,选哪个?

22 / 6. 隔间男鞋,被偷窥?

26 / 7. 如何去感受父母的爱?

30 / 8. 怎么摆脱父母离婚给我带来的综合征?

34 / 9. 能给我"重置"父母吗?

38 / 10. 如何亲近说爱我的父母?

42 / 11. 如何在兄弟姐妹争宠中获胜?(两篇)

51 / 12. 如何向父母证明我也可以?

55 / 13. 如何赶走青春期?

59 / 14. 如何让老师看到我的努力?

63 / 15. 老师漠视我，怎么办？

67 / 16. 如何拥有选择穿"阴阳鞋"的自由？

71 / 17. 男老师搭女学生肩，我该怎么做？

75 / 18. 三个人的友情该如何维持？

78 / 19. 如何挽回曾经最好的朋友？

82 / 20. 如何摆脱同学的冷嘲热讽？

86 / 21. 好友让我安静点，我该怎么办？

90 / 22. 如何摆脱很"社会"的情敌对我的恶搞？

94 / 23. 努力无果，而父母只看果怎么办？

98 / 24. 如何缓解理科差带来的失眠症？

101 / 25. 如何说服不太有钱的父母别报辅导班？

104 / 26. 一定要拼命学习人生才会精彩吗？

108 / 27. 考前焦虑，怎样静心？

113 / 28. 学习是为了什么？

117 / 29. 成绩赶上喜欢的男生，如何向他表白？

121 / 30. 如何摆脱"渣女"的称号？

124 / 31. 如何让别人明白，我和他只是朋友？

128 / 32. 女同学被家暴了，男同学能帮助吗？

## ○ 教师惑

*133* / 33. 如何充分发挥家委会的功能?
*138* / 34. 如何高效运用微信群?
*142* / 35. 家长让我管分外事,怎么办?
*146* / 36. 家长平时不管,出事了乱管怎么办?
*150* / 37. 怎样才能让学生喜欢我?
*154* / 38. 男生囤鞋,怕形成攀比风,怎么办?
*157* / 39. 被学生当众顶撞怎么办?
*162* / 40. 如何处理学生之间的"玩笑"?
*166* / 41. 听不懂学生说的"话"怎么办?
*170* / 42. 如何让"丧"的孩子重燃生命热情?

## ○ 家长惑

*177* / 43. 担心儿子和女生情到深处,怎么办?
*181* / 44. 如何帮助成绩受挫的儿子重振精神?
*186* / 45. 昂贵而无效的课外辅导,还要继续吗?
*190* / 46. 儿子作业太多,怎么办?

*194* / 47. 如何让拼命学习的女儿多关心身体？

*198* / 48. 如何挽回养女的心？

*202* / 49. 妈妈如何扛起家务、工作和子女教育？

*207* / 50. 如何给性格大变的女儿解压？

*211* / 51. 孩子沉迷不着调的书，怎么办？

*216* / 52. 失败的单亲爸爸该怎样育儿？

*221* / 53. 孩子想留学，怎么办？

*225* / 54. 对班级座位安排不满，怎么办？

*229* / 55. 如何在同学间的鞋车攀比中帮助儿子？

*233* / 56. 不满现在的老师配置想转学，怎么办？

*237* / 57. 不想微信群接龙，怎么办？

*241* / 58. 女儿不适应变凶的老师，怎么办？

*244* / 59. 孩子不能忍受同学身上的气味，我该怎么办？

## 1 不想当女生，可以吗？

昵称：蒙娜丽莎的微笑　　年龄：13　　星座：双子座

我不想当女生啦！当女生好烦啊，有好多约束啊！我总是因为外貌被大家嘲笑！有人说你怎么那么矮，长得"看上去很好欺负"（我妈的原话）。因为我是女生，在公共场合就要矜持、乖巧。出去吃饭遇见叔叔阿姨，他们总是对着我妈说："哎呀，你女儿真文静！"不！——我！不！文！静！其实我的心里住着一只会喷火的狂暴小恐龙，但是上了初中后，真的收敛很多了。和女生相处也很令人头疼！最讨厌的就是和一些比较麻烦的女生发生矛盾，我自己不知道，对方也不说，然后转头她就和其他女生叽叽歪歪。啊，对于大大咧咧的我来说这太麻烦了！

我知道即便我内心非常厌恶这些，最终我还是要妥协的。几十年后，我可能还是会成为自己不喜欢的样子。

### 亲爱的蒙娜丽莎的微笑：

你好！从你的字里行间，我看到一个本该有着蒙娜丽莎般微笑的美丽女孩，此刻却深陷于烦恼之中，听着不喜欢的话，做着不喜欢的事，面对着不喜欢的人，还要担心自己将来会变成连自己都不喜欢的样子。先让我抱你三秒……好！不着急，听听老师跟你说的心里话。

首先，我要恭喜你！因为你的困惑让我看到了一个已经步入青春期的花季少女。你谈到的种种烦恼，是青春期少男少女们或隐或现都会存在的一种"青春期特征"。别担心，我也是从你这个年纪走过来的，对你的烦恼我深有感受。

其次，我要表扬你。因为你即使听到讨厌的评价、扮演着讨厌的角色，依然没有被心中愤怒的小恐龙牵着鼻子走，懂得控制自己的情绪，这是一种趋向成熟的表现。在社交礼仪中，举止文明有礼、不任性、不乱发脾气是一个人的基本素养，这和你是男孩女孩无关。聪明的你也一定明白这一点，所以才会在别人面前做个文静的小姑娘。其实在你这个年纪，很多人和你一样，心中都有只会喷火的小恐龙，而且很难控制住。这是因为你们开始进入了青春期，情绪容易波动，表现为两个极端：开心时心花怒放，不开心时愁容满面，甚至暴跳如雷。这是由于生理（身体）比心理（思想）成长速度快，才会出现这种"情绪化"的现象。只要学会一门青春期的必修课——合理宣泄情绪，你就能很好地控制心中喷火的小恐龙了。当你感到内心的小恐龙要喷火时，不妨去听听歌、做做运动，或者去吃一顿期待已久的美食，这些都能够帮你熄灭即将喷出的火焰。

再次，我要提醒你。不随便评价别人是一种修养，但不活在别人的评价中是一种修行。生活中，有很多人喜欢对别人评头论足，评价女孩子的体相、评价男孩子的力量。形容女孩子的词语也大多是温柔、美丽、可爱等，形容男孩子的词语是高大、帅气、阳光等。不能否认，美好的人和事总是会给我们带来美好的感觉，但是每个人对美的标准都不一样，肤浅的人只注重外表，有内涵者则更注重人的内在，比如你大方爽直的性格。美丽的容颜容易老去，而有魅力的性格却会越来越吸引人。学会悦纳自我，理智与客观地评价自己的优缺点，你会发现真正的快乐来源于对自我的接受。面对别人片面的评价时，微笑着说——我就是我，不一样的烟火。

最后，我要叮嘱你。凡事都有两面性，成熟的人会理性看待问题。有人说，你用什么眼光看世界，世界就是什么样子。有些人嘲笑你的外貌可能是妒忌你其他方面的优秀；妈妈的表述恰恰体现她对你的爱（关心）；很多时候我们不能决定所处的环境，这个时候就需要学会和各种人友好相处。女生天性敏感，但并非所有女生都是"麻烦女生"，真诚而坦荡的沟通是解决矛盾的最好办法。去跟她们聊聊天吧，也许你会发现与想象中不同的女生哦！

希望你的脸上永远挂着蒙娜丽莎的微笑！

你的大朋友　晓春

## 2 不想被比较，好不好？

昵称：赵海棠　　　　年龄：16　　　　星座：金牛座

小学的时候，我成绩挺不错，得过几张奖状，也算得上是父母的骄傲吧。步入初中后，因为初一的时候不认真读书，我的成绩越来越差。现在初三了，我开始重视学习，想要努力回到以前的样子，却发现已经力不从心。饭桌上，总有亲戚会说到学习，听到曾经的小伙伴现在学习越来越好，我竟然有点心理不平衡。尤其是过年亲戚聚会的时候，所有人一见面就会问我考了全市第几名，能考到哪个学校去。就连奶奶也总是把我跟堂弟的成绩作比较，甚至当着我的面，多给了堂弟200元的压岁钱，让我向堂弟学习，还说如果我考上重点高中了，就有重奖。我讨厌这种被比较的感觉，曾经学习还不错的我，如今成为亲戚口中的笑柄，唉！面对周围人的比较，我不知道怎么应对。

**亲爱的赵海棠：**

　　海棠同学，你好！我先介绍下我自己，我是蕾馨老师，很多学生喜欢和我聊天，我也喜欢帮他们出谋划策，排忧解难。每次和学生的沟通交流，我都受益匪浅。这次，看了你的困惑，我同样也有思考和收获。

　　那我先和你说说我的思考吧。

　　有句话说，有对比就有伤害。的确是啊，我想你的心理不平衡一定是因为你受到了伤害。来，我邀请你，先好好拥抱自己下，和自己说"辛苦了，亲爱的我"！你坚持了这么久，忍受了这么多次的伤害，真是太不容易了。如果你在我身边，我也一定会伸出双臂来拥抱你，告诉你"亲爱的，我一直都在"。

　　海棠，你说现在成绩不如意，是因为初一的时候你没有认真学习导致的。就这一点，我想告诉你的是，你已经在思考自己的学习，反思自己成绩下滑的原因，恭喜你，这就是你进步的开始。你不喜欢被比较，是因为被比较让你自尊受挫，从你的情绪表达中，我可以看到你有一颗要强好胜的心，有不甘落后的态度，祝贺你，这就是你进步的动力。但是，海棠，你有没有发现你的困惑其实不是你的成绩不如别人，而是你在思考、后悔中消耗了大把大把的时间，你越焦虑、越难过，你就越受伤。现在，我陪着你，来想想如何走出这样的情绪。

　　海棠，我相信，看到这里，聪明的你心中有了一定的思考，或者有了一些答案，但还是有一点犹豫，对吗？好，接着，我来和你说说我的收获吧！我将自己的收获概括为几个关键词，希望对你有所启发。

　　接纳，这是我想和你分享的第一个关键词。为什么是接纳呢？接纳是一个很重要的名词，从心理学的角度讲，就是不管我们喜不喜欢，能不能去接受，我们都要去勇敢地接受它的存在。只有你去感受到了它的存在，你的身上，包括你的学习才会有一系列的变化发生。对于你而言，接纳是你前进的必备行囊。海棠，你尝试着接纳曾经发生的一切，接纳自己的不完美，接纳自己的力不从心，接纳自己的心理不平衡。这一切都已经发生了，存在了，是我们无法改变的过去。我们只有坦然地接纳这一切，才能让自己静下来，让消极情绪减少，思考我们的下一步该如何行动。

可能你会问，蕾馨老师，我该如何去"接纳"？海棠，现在就请你告诉自己："我接受我的不平衡，也接受我的力不从心，这就是现在的我。"你也可以面对着镜子中的自己，和自己说，边说边观察自己的表情，有没有变得放松了呢？一次不行，你可以多试几次哦。蕾馨老师相信，你通过这样的心理暗示，可以看见并接纳自己。

行动，这是第二个关键词。因为如果说接纳可以减轻消极情绪，那么行动是彻底消除我们心中焦虑以及力不从心最好的方法哦。你现在正是初三，面临着中考和升学的压力。你想努力提升学习成绩，又担心迎头赶上有点困难，加上家人亲戚们的询问和比较，让你无法应对，以至于在很长的时间里，你沉浸在这样的情绪中停滞不前。你在担心：现在努力，来不及。但我要告诉你，海棠，永远没有最晚的开始。对于初中生活来说，你还有三分之一；今后你还有高一、高二、高三和大学；对于漫漫人生路来说，你现在只是刚开始，不要说时间够不够，基础行不行，这些对于漫长的人生路来说都不重要，重要的是行动力。

40岁的柳传志不问是否来得及，最终他缔造了联想集团；高考三次落榜的俞敏洪不问是否来得及，最终考上北大，后来打造了新东方教育集团；经过两次创业失败的马云不问是否来得及，最终书写了电商传奇。所以，海棠，你的一切经历都是财富，它们的发生，就是为了告诉我们一些道理而来的，存在即是合理，它们自有它们的价值。亲戚们比较也好，朋友们进步了也罢,这些都将是你成功的磨刀石。而且,我相信经过了这段艰难的时光,你会收获、会成长、会恍然,回头看看你这段不知如何应付的时光,你会淡然微笑。真的,我似乎看到了你那时候的样子,因为努力而美好。

怎么行动?海棠,我想你有答案了吧?分析自己的学习现状,分析自己的学习方法,你会找到自己努力的方向。把握有限的时间,来创造你无限的可能。当然你也可以寻求老师和同学们的帮助,让你的行动更有目标和方向。

海棠,不知道我的"接纳"和"行动"这两个关键词有没有给你带来帮助呢?不管如何,你如果接纳和行动了,你的未来不会糟糕哦,至少可以让你离理想中的自己更近。最后,蕾馨老师真心祝愿你,拥有好心情,调整好状态,挑战好成绩。记住,从现在开始努力,不会迟。

蕾馨

## 3 不想随大流，怎么办？

昵称：木之本樱　　　　年龄：14　　　　星座：天秤座

不知道为什么，从很早的时候开始，我就缺乏自信。做题目时，总是不敢下笔；回答问题时，担心错了会十分丢人；和他人意见不同时，虽然我很想保留自己的观点，但不知为什么我最终还是很容易放弃自己的观点去跟从他人。还有，我感觉很多人不理解我，或者说是不赞同我的说法。同样，不知为何，现在的我就有一种被别人拉着走的感觉。就连上厕所和去餐厅，也总是被同学拉着走。在别人面前，我仿佛失去了自我，就像一个可鄙的"跟屁虫"。我很想做我自己，向其他人展现真实的我，但我似乎是被什么束缚了，很难把真实的自己展现出来。仿佛周边的世界就像一张网，而我挣脱不得。我对自己这种状态有些迷茫，我不知道怎么去表现真实的自己。

 **亲爱的木之本樱：**

你好，小樱，请允许我这样叫你，因为那会让我觉得我走进了魔法的世界，和魔卡少女樱在聊天。

我觉得你很勇敢，因为你有勇气正视自己的内心。你对自己有很好的觉察，真的很少有人会把自己看得通透，渴望改变本来就是一个很好的开始。在你的言语里，我感受到了天秤座的你很有自己的想法，只是犹豫不决，不敢表达出来。在公众场合一方面想要表达自我，一方面又害怕出错，所以纠结的你选择了逃避。但是一味地逃避又慢慢让你觉得不舒服不自在，你还是想要表达自我。这和小樱多么像啊，当小樱只是一个普通的学生时她很有自己的想法却羞于表达，而只有借助魔法卡的力量时，她才变成了穿梭在时空中爱与正义的化身。我觉得你也需要几张魔法卡。

**第 张卡：认识自己**

天秤座的守护神是罗马神话里的维纳斯，也可以是希腊神话里的阿佛洛狄忒，两者都是美与爱的女神。世人曾感叹："所有她的行为和语言都值得保留并用作典范。"被她们守护的你怎么反倒不愿意表达自己最真实的想法了呢？当与别人意见相左时，你很有自己的想法，却很容易放弃，你这样的从众心理只是希望把自己变得大众化，这样就不会"丢脸"了。可是姑娘，也许，当你说出想法后，会得到更多的赞同与认可，而如果你不说，这样是不是连让别人认可的机会都没有呢？

其实你看，从你对困惑的表达来看就很好，你很有自己的想法，让人欣赏你的勇敢。你可以回想一下，你最近一次最想表达你的意见是什么时候？你还记得当时的情景吗？那为什么又不敢了呢？当时怎么想的？如果再给你一次机会，你会怎么表达？现在你把我当作那个同学，你会怎么说？跨出表达的第一步会比较难，我们不妨从认识自己开始，你可以和身边最好的朋友说说自己擅长的，一起制定一个计划，我相信你会有一个很好的开始。

**第二张卡：演绎恐惧**

"去做你害怕做的事情，如此你才能消除恐惧。"——拉尔夫·沃尔多·爱默生

一直以来，当我们害怕某种东西的时候，我们往往都会选择逃避，这样往往能让我们摆脱眼前的困境。所以你从来都被同学"拖着走"，那是因为你在害怕当你拒绝这些行为时，你会失去朋友。可是当我们把内心的恐惧如实演绎出来，真正的朋友是会和你一起并肩战斗的。

闭上眼睛想象一下，如果你很害怕气球爆破的那一瞬间，却不得不完成一个吹气球的任务，你会怎么做？我想你一定不会很用力吹气，只需要稳定地、温柔地呼气，然后开始吸气，并且让你的手慢慢感受气球一点点变大，而不是一下子撑开，这样保持几分钟。让我们审视自己内心此时的感受，与恐惧一起，然后找到平衡点。那么从现在起，勇敢抬起头，去面对每一个陌生人，去直视每一双眼睛。你或许粗浅，或许执拗，当你正视恐惧，你就拥有了勇气，如果有人因此而离开，那么你还可以继续去认识值得认识的人。只有真正勇敢起来，将自己最真实的模样解放出来，你才能获得自信，才能不惧一切，拥有全新的人生。也许这只需要一个抬头，一双坚定明亮的双眼，从容完整地回答好一个问题，真的就这么简单。可是这需要勇气，真的需要极大的勇气，你敢吗？

**第三张卡：遵循本心**

每一个人都是社会群体中不一样的存在，即使渺小却也独一无二。"我就是我，是不一样的烟火。"学会取悦自己，而不是为取悦别人而活。

从在乎自己，偏爱自己，支持自己开始。你说很想做自己，向其他人展

现真实的自我。既然内心是如此渴望，我们就要开始遵从内心，其实可以试着"大声说话"，往往我们习惯听从别人后就会变得腼腆胆怯，那么我们可以找一个空旷无人的"秘密花园"开始大声放肆地开怀大笑，畅所欲言，练习展现出真实的自己。只有在乎自己的想法，才能去改变并接受自己。

尝试抛头露面。你看，超级英雄虽然全副武装自己，做好事不留名，但总还是会有人从蛛丝马迹里认出是他们的事迹，这是因为他们展示出了自己。那么，不妨我们也尝试着展现自我，可以是一个想法，一门手艺，课堂上准备的发言，课后发展的兴趣爱好，好朋友之间的交心。只要把自己露出来，总能找到属于自己的舞台。

还记得高中时的我也是自卑到了尘埃里，改变我的是我的一篇作文很意外的在一次作文比赛里获了一个小奖，我的语文老师表扬了我，然后我开始把自己的想法诉诸笔尖，流泻下自己的情感。不知道我的经历是否能给你一点启发。

亲爱的小樱，春已近，樱花虽然只有极短的花期，却绽放出最美丽的花朵，希望你也能拥有这三张卡牌，成为魔法界最自信的魔卡少女！

桃花仙人种桃树

## 4  弟弟的秘密，我该说出来吗？

**昵称：悠悠然　　年龄：15　　星座：处女座**

我是个女生，家在校门口的小区，所以，还有一个堂弟为了方便，也住在我们家里。我今年初三，堂弟初二。可能因为我学习比他好，年龄也比他大吧，家里人一直都让他向我学习。他虽说成绩不是很出色，但基本上也算是一个不错的学生。我们一直相安无事。可最近，我有很多次发现他没经过我同意，就动了我的电脑。我猜，肯定是在我去晚自习的时间动的。我查看了电脑的搜索记录，发现他搜索的竟然大部分都是色情内容。平时看着好好的一个男孩子，怎么满脑子想的都是这个呢？而且，他和我同一个屋檐下住，这让我感觉很不自在。我每天看见他，就很鄙视他，不想跟他说话。我想告诉妈妈，可又怕妈妈生气就不让他住我们家了，这样一来，叔叔一家和爷爷奶奶都会不开心的。出卖了堂弟，他也会恨我的。可是不说吧，又如鲠在喉，很不舒服。说？不说？真是个问题。

**亲爱的悠悠然：**

你好！看到你的昵称，五柳先生的诗句"采菊东篱下，悠然见南山"不由浮上心头。我想象中的你应该是个娴静雅洁的女孩，可是，从你的诉说中，我知道你现在勉力维护的"娴静"的外表下，内心其实并不安静，因为你觉得堂弟就在你眼皮底下"涉黄"的行为并不雅洁。我理解你的不自在、不舒服，如果时光让我重做一回"花季少女"，我也会觉得堂弟的行为就像卡在喉咙的鱼骨头。

悠悠然，感谢你给了我机会，让我在午后时光，能与一朵"朝花"对话，我有一种奇妙的感觉，这朵可爱的朝花小雏菊既是你悠悠然，也是当年我。希望我今天的解答能给你启发。

知道吗？你是一个好姐姐，很有"小姐姐"的范儿呢。你看，你关心着弟弟的学习，又担心着弟弟的品行，我得先为你的姐姐范儿点赞！我记得看过这么一句话：向来都是担忧的比被担忧的要煎熬得多。用在你这里，确实如此。你认为弟弟在电脑里翻看色情内容是出格的事，你为此担心他的品行出问题，继而又产生了不安、烦恼的感觉，甚至鄙视的感觉也潜滋暗长。悠悠然，正是因为你深切地关心着弟弟，才会有如此这般的心理反应。俗话说，"不是亲不挂心"，你对弟弟的上心让我感动，也许他的亲爹亲妈都未必有你如此细心关注。悠悠然，你是好样的。

可是，当姐姐发现了弟弟的行为不雅时，姐姐该怎么办呢？

首先，你要有这样的认识：弟弟翻看你认为是"色情"的内容，这事儿其实并不肮脏和可耻，而是每个少男少女都有的对异性的好奇心所致。在进入青春期之后，少男少女会对身体的发育以及随之而来的性意识产生好奇，留意、搜寻相关的资讯。根据上海社会学研究所2018年发布的《北上广大城市青少年性健康调查》显示,网络、朋友和同学是目前我国青少年获取性知识的主要渠道,相信在你的班级里也有一些男生在公开地谈论这类话题。同时,在我们的传统文化中,性又是一个难以在家人面前正面提及的"羞耻"的话题,导致寻找性知识的行为都有点"鬼祟"。满足好奇心是一个人的正常需要,搜索色情内容则是你弟弟在满足他正常需要时的一种不恰当的行为。

不过,如果你弟弟的"探秘"行为成瘾的话,比如,夜很深了还不肯睡,还在偷偷浏览某些网站,或者几乎每天都要找机会看看,这样的话,的确会影响学习和身心健康的。

其次,你采取保护弟弟"隐私"的方式,也做得很对。如果告状,既会令父母和叔叔婶婶担忧,继而措施失当,也会令弟弟难堪,更会影响姐弟关系。你的处理,足见你思虑周密、行事谨慎,真是一个好姐姐!"姐姐,今夜我不关心人类,我只想你",海子的这句诗曾感动了多少读者。姐姐,这个称谓对于弟弟而言,多么美好。她在家庭中,替父母分忧,带弟弟长大。姐姐,有时是扮演妈妈的角色,有时要尽好姐姐的职责,但更多的时候姐姐就是弟弟的玩伴,是一起学习、放松的伙伴。

建议你这个好姐姐在心底再删去一个"堂"字,默念那个"弟"字。既然他是你弟弟,悠悠然,你这个姐姐就要多陪陪他,在共同学习和休闲娱乐中转移弟弟的注意力;既然他是你弟弟,姐姐的电脑就可以和他共享,但必须严肃地告诉他,不可涉及暴力和色情之类的网站(坦然地说明理由),否则姐姐就生气了。如此一来,弟弟既明白了姐姐已知他那个不雅的小秘密,又不会令他太难堪,他不会恨姐姐,反而会更敬重你这个姐姐。

最后,万一你发现弟弟不仅不改正,且还有过之而无不及,你又该怎么办呢?这时候,我建议你不妨用口头或书面协议去约束他,他若还不守约,你就在电脑上设密码。如果还不听劝,那就告诉父母,也可直接跟叔叔婶婶说，因为叔叔婶婶才是你弟弟的法定监护人。同时，你也要知道，弟弟除了你这个姐姐，他还有另外一个"姐姐"，你做不到的事儿呀，尽管交给那位"姐姐"，她肯定会把你弟弟整服帖的。这位"疗愈一切"的神仙小姐姐，名字叫"时间"。随着时间的推移，相信弟弟会慢慢成长成熟起来的，因此你不必惊慌，也无须不安。

　　记得有人曾经说过，"人们大部分担忧的事情却从来没有发生过"。但愿时间姐姐会证明给悠悠然姐姐看，你今天担忧的事情在未来也不会发生。

永远的蝈蝈与小蜗牛

## 5 学业 VS 电竞,选哪个?

**昵称:32a13a　　年龄:15　　星座:射手座**

初中三年,我对游戏可谓是自始至终保持着热爱的态度,在游戏之中的我从一个无名小卒成长为全国前 50 的玩家之一,我很骄傲有这番成果,毕竟这是一个 3 亿人参与的游戏。主办方曾邀请我去打职业比赛,可因为上学,我婉拒了他们的邀请。现在我才了解到只要进入培训机构就可以免读高中和大学,直接拥有大专文凭并挤进职业选手的行列之中。

而回到现实生活中,我却只是一个无名小卒,学习成绩一直处于中下游,无法向上更进一步,十分糟糕。面对这样残酷的现实状况,我不禁想要放弃学业。可是,我的家人,我的朋友,我的老师还有同学们都在激励着我奋力读书,而我觉得读书十分地艰难,让人十分地想放弃,但我又不想辜负了父母的期望。

迷茫的我正处在一个分岔路口,在犹豫着:朝着热爱的电竞去发展还是好好考一个好一点的高中然后大学毕业后去找一份稳定的工作?

32a13a：

你好！首先很高兴你能说出心中的疑惑。从你的来信中能够看出你是一个理智谨慎的同学，在人生道路的选择方面，你没有盲目地一意孤行，而是小心权衡。下面，我们来就你的困惑做一个探讨，希望能够对你有所启发。

很显然，你在电竞方面取得了不错的成绩。在一个有3亿玩家的游戏中取得全国前50的排名这是一件很难做到的事，这不仅需要热爱，还得有天赋和日复一日的坚持努力。从这个排名可以看出，你有这方面的潜能并且有恒心和毅力，也有希望成为职业电竞选手，当然这也是进入这个行业的必要条件。你有这个能力去打好游戏，这是好的，但是仅凭这一点就做决定，恐怕并不明智。

电竞作为一项竞技体育，受到许多人的关注。成功的电竞选手们生活在聚光灯下，有着优厚的待遇，这是大家有目共睹的。但正如许许多多竞技体育一样，电竞这行是残酷的。想成为一名成功的电竞选手，要经过层层筛选。成功当然好，但失败的风险也是极大的，竞技体育可谓高风险、高回报。天赋是决定性因素，经过长时间高强度的训练之后仍然不见成效或者被其他选手比下去是常有的事。如果你不幸被淘汰了，那么不仅在你继续前进的路上会有很大的阻力，还会耽误你学习的时间。初中阶段正是一个人打基础的时候，如果错过，很难弥补。追逐自己的梦想很美好，但也要给自己留下后路。人们往往只看到了运动员的光彩一面，却很少看到运动员的艰辛。电竞也是一样，他们成功背后是日复一日在电脑前的练习，我建议你可以去了解一下职业电竞选手的生活，或者先体验一两个星期，这之后你肯定会对这个行业有更加全面的认识，到时候再做决定也不迟。

进入这个行业是第一步,当你成功跨入电竞的大门后,你还需要考虑的是如何才能长久发展。电竞选手的巅峰期很短,在很年轻的时候就退役了。对于那些取得优异成绩的选手来说,以后的道路是简单的,有了大笔的资金储蓄之后,你就算什么也不干,仅仅是理财,就够下半生无忧了。而对于那些并不拔尖的选手,退役之后并没有太多选择,做电竞主播是其中一项,但这个市场也竞争激烈,并不是所有的主播都能像某些顶尖主播一样拥有粉丝无数,进账动辄上千上万。更何况电竞行业在这几年资本的疯狂涌入之下野蛮生长,已经变得不那么纯粹。场外博彩、假赛风波……那些原本满腔热血的选手们,在资本的驱使下渐渐失去了初心,单纯的游戏变了味。

依我看,你现在应该做的,是将学习成绩提高上来。游戏梦可以来年再续,青春却不能再来。你已经步入初三,即将面临中考。在这一年的时间里,如果你将全部时间用于提升游戏技术,并不能保证你从一众选手中脱颖而出;但你如果全力以赴努力学习,那你一定会提高,而且进步不是一点半点,而是可以考上一个不错的高中。你有能力在一个有3亿玩家的游戏中进入全国前50,并且是在初中三年的短暂课余时间中做到的,说明你的智力、反应力、毅力并不比常人差,甚至优于常人。你学习不好的原因,不是没有天赋,而是没有把时间花在学习上。如果你能够将玩游戏的这股冲劲、韧劲花在学习上,那你肯定能从中下冲到中上。这种努力你是一定能看得见回报的,而这回报对你的人生来说也十分重要。上更好的高中、大学,接触到更优秀的人,提升自我,这些会为你的人生创造更多的可能性,无论你的梦想是什么,这些都是有益的。如果现在就将人生定型了,其实是对才华的限制。人生有无数种可能,不试试,你怎么知道呢?

换个角度来看,要实现你的梦想,其实并不只有一条路。在电竞产业中,不仅有玩游戏的人,更有创造游戏的人。学好专业知识,进入游戏公司,创造出让玩家兴奋的好游戏,又何尝不是一种圆梦呢?想要得到这些工作,需要你现在努力考上好的高中,高中三年再努力考上好的大学,学好专业知识,就大概率可以实现梦想了。这样既比成为电竞选手来得轻松,又比成为电竞选手来得稳定,如果你学的是计算机专业,其他行业也会欢迎你,即使无法在游戏领域立足,你仍然可以有很多备选项,高枕无忧。

  当然,最终的决定权在你。希望你能够仔细权衡,听从自己内心的选择。不论选择什么样的人生之路,都要朝着自己的目标努力奋斗,带着自己的毅力、热情闯出自己的一片天地。

愉博

## 6 隔间男鞋,被偷窥?

**昵称:敏感的**　　　　**年龄:14**　　　　**星座:双鱼座**

去年冬天,某天晚自习,我肚疼难忍,去了教学楼卫生间。卫生间的隔板与地面之间,约有20厘米的空隙,我突然发现右边隔间露出的鞋子不对劲,应该是一双男鞋!并且,鞋底是弯曲的,不是正常的站着或者坐着的样子,难道,有人在偷窥?我非常害怕,想喊,又不敢。再说,又不能确定。我匆匆地逃回教室,不敢跟别人说。但从此之后,我就在校园里留意男生的鞋,这是一款普通的运动鞋,我曾在校园里见到五个男生穿过。我也不想怀疑谁,可我的心里却总放不下这双鞋,晚上也常做被追杀、被冒犯的噩梦。我该怎么办?

**敏感的：**

您好！在解惑之前，请先确定一个事实：您没有任何错，无论您因此受到多少影响，这都不是您的问题。

您直接问的问题为"该怎么办"，其中或包含了两重意思，一为"我该如何处理这件事"，二为"我该如何对抗和释放此事带给我的负面心理能量"。

第一个问题，现实中如何从行动上处理这件事。首先让我们整理出几个构成场景的关键词：冬天，夜晚，卫生间，生理疼痛。冬夜可以简单象征为"寒冷"和"黑暗"；在晚自习这个时间段去卫生间，说明是处于一个几乎没有人的环境下，指"独身"；近封闭的、安静而清冷的小隔间和之前人多、温暖的大教室产生对比，感官会自动提升敏感度，也就是会下意识地谨慎和防备；肚子疼，代表处在一个脆弱的时刻。也就是说，我们把您所描述的场景关键词转换成了：寒冷，黑暗，独身，敏锐，脆弱。

您或许可以问："无论夜晚还是白天，卫生间都是明亮的，为什么还要挑出'黑暗'这个词呢？"那是因为晚上外面的黑和里面的明亮形成反差，窗外能见度降低从而产生视觉上的未知，而对未知的恐惧是最高级别的恐惧，能给人带来更强烈的封闭感和危险暗示。在这种警惕性上升到较高程度的时候，您发现隔壁间鞋子的异常，产生如何的揣测都不为过。很抱歉我仅凭"弯曲的鞋底"五字不能很好地想象出您所看到的情景。对于是否有男性藏在隔间偷窥，我认为概率低，原因有二。

一是先前说到，这个环境本身就有着极强的封闭感和危险暗示，会让人下意识地扩大和异常化所发现的事物的特征。这一点在女性身上是容易体现的，因为女性在性别上处于弱势和偏向于被支配者，所以在黑暗、独身、封闭等条件下女性会主动开始保护自己，比如有时候身后有陌生人行走，可能会不经意地停下或放慢脚步，让那人走在自己前面。或者电梯间和陌生人站在一起时，会考虑防御式的站位问题等。所以，您所说的异常或许并不是真正的细节，并且时间是在去年，对当时的记忆并不确切。

二是"男鞋"这个关键词，由于中学生经常要运动，绝大多数人都是穿运动鞋，男鞋女鞋的界限比较模糊，尽管您已观察到学校里至少有五个男生穿过，但这不是决定性的条件。

本来还有第三条原因，那就是在有着监控的学校里，男生晚自习时间藏在卫生间偷窥，这个行为高风险不说，而且您没提及隔壁间的人是在您之前还是之后来的。假设是先来，学生晚自习时间上厕所真的少，而且就算有人来也不知道会不会刚好选择在隔壁上厕所……这是高风险低"收益"的、就算不被骂变态也要被说傻子的行动。而如果是后来，也就是尾随您进入卫生间，风险还是很高，如何偷窥也是个问题。但可能性已经建立。所以这条不归于以上"概率低"的原因，而是单独拎出来说。

首先推荐您的选择是放下这件事，因为您受到同一事件的二次心理刺激的可能性低，并且这个事件大概率不是恶性事件。其次推荐直接上报校长或德育处主任，就算只上报老师也要找会处理这件事情的、您足够信任的老师。如果卫生间外面的走廊有监控的话最好能调出来看一下。

第二个问题，如何对抗和释放此事带来的负面心理能量。无论是选择放下还是上报，终是留下了心理阴影，正如您放不下那双鞋、刻意观察谁穿了同样的鞋，以及做由这件事衍生而出的噩梦。若长期处在这样一个焦虑环境中，会对身体造成不可逆的创伤。

梦，是心理能量发泄的途径，是潜意识的直观表现之一。对此没有特别好的方法，只能靠自己克服恐惧，慢慢调节，推荐尽快对上一个问题做出处理。学生在白天经过大量的脑力、体力消耗后，相比别的年龄段可以更快地遗忘一些负面情绪。

由于潜意识和表层意识关系其实不太大,很多时候它更会在梦里反映出一些表层意识不在意的细节,白日多去尝试不同的事物来充盈自身,晚上睡前可以喝杯牛奶帮助睡眠。

不断地给自己新的暗示也是种办法,例如:"我没有任何值得提心吊胆的地方。""人正不怕影子斜。""如果是偷窥,偷窥者的人生不知道会怎样,但我的生活一定要好。"……加深暗示并且转移更多注意力到日常中去,逐渐淡化影响。

如果有条件的话,直接寻找专业心理人士的帮助是明智的办法,但不建议先找学校的心理健康老师,有时候或许咨询您喜欢的老师或者喜欢您的老师能起到更好的效果。

鉴于您已 14 岁,也可以使出毕业暗示:再不济过个一年多我就能离开初中,换个新环境。这种方式虽然简单甚至看上去是逃避,但却是最实际且确定性为 100% 的。

祝您能早日解决困惑,也祝您学习进步!

过午

## 7  如何去感受父母的爱?

昵称:真假    年龄:14    星座:天蝎座

从小到大,我的爸爸妈妈总是口口声声说"爱我","为我好"。然而,我从来没有真切地感受到来自父母对我的爱,并且随着年龄的增长,这种所谓的爱让我很厌恶。

每次考完试,爸爸妈妈问我的第一句话永远是:"这次你考试得了几分?"知道我的考试分数之后,他们从来都是不满足,认为我没有认真学习,哪怕我用尽全力,取得了一点进步,他们也还是会说出一个新的更高的目标。长这么大了,我也从来没有得到过爸爸妈妈的肯定,哪怕是学习之外的生活细节的肯定,全都没有。因此,我就在想,我的爸爸妈妈一定是爱学习成绩胜于爱我的。

我的困惑是,如何去感受爸爸妈妈的爱?

**亲爱的真假：**

你好！真真假假，假假真真。亲爱的真假，不知道你是更喜欢我亲昵地称呼你为真真，还是假假呢？都很可爱哈！

正式地打个招呼吧，你好啊，亲爱的真假。昵称很有特色哦，恕我大胆猜想，是因为觉得父母的爱真真假假分不清吗？我真的很理解你的困惑：父母真的都是为了我好吗？为什么我感受不到父母对我的爱？他们是不是只爱那个听话懂事、学习又好的孩子呢？

大人们总会有些"高高在上"，即使完全理解你的所有想法，也不一定愿意从你的角度去看待与解决问题；即使了解你的真实状态，却总说着你可以更加努力、更上一层楼的。亲爱的真假，我好想亲口告诉你，对此我也很困惑呢！

但是逐渐地，我也成为一个大人了……最明显的角色转变，是我从一名学生成为一个老师。我能够理解因为作业实在是又复杂又难解，为了不被点名只好第二天早上匆匆来抄同学答案的行为，因为我也曾做过。但我还是会在早读前去"抓现行"，提出批评，因为我知道正是这每一日不多的"懒于思考"，蛀蚀着还未坚实的学科基础。明明试卷上那倒数第二个选择题是可以不用错的，因为在你抄答案的那一页作业本上有一模一样的题。

我从一个被父母整天唠叨着的孩子成为一个总爱语重心长督促弟弟学习的姐姐。我能够理解弟弟希望享受大学时光，不愿在离毕业还有一两年时便像无头苍蝇一样为了"饭碗"焦虑乱转，我曾有过同样的想法。但我还是会每隔一两个月就问他一遍："你在了解继续升学的相关信息吗？那个什么什么证考到手了没？"我觉得我问得对，等他成为一个应届毕业生，他就能够深刻体会文凭和证书揣在手里的安全感与选择权了。因为我曾遭遇过因为没有"那几张纸"而被拒绝门外的窘迫。不过,即使时光倒流,坐在初中教室的我、走在大学宿舍楼下林荫道上的我,也不会把这些"语重心长"太放在心上,那时的我有自己的视角,有自己的选择,有更想获得的快乐。

是吧,我这是又开始"语重心长"了?不好意思哈,亲爱的真假,我想表达的是:别急着和"学习成绩"争宠,爸爸妈妈当然爱你胜于爱你的学习成绩!学习成绩只是他们希望你能够获得的荣耀,让你前行的道路闪现更多光芒;学习成绩也是他们期待你拾取的阶梯,希冀着你会欣赏到更广阔美丽的风景;或许学习成绩也是他们期待你能够磨砺出的"武器",在未来可能会经历的纷扰挫折中保护你无畏畅行。

只是,他们太心急了,急着想每时每刻都提醒你学习的重要性;他们可能也太害怕了,怕你会骄傲地止步于此,怕你错过任何一个变得更加优秀的机会。哪怕是你的旅程比别的孩子少了那么一丝丝的光亮,他们都会很心痛吧,因为是自己最爱的孩子啊!爱得太深,便会变得有些盲目,失去旁观者清的能力。所以有些父母,显得过于盲目追求学习成绩了,甚至他们忽视了孩子学习之外的其他生活细节,忽视了深爱的孩子需要他们温暖的肯定。

这样看来,我们的父母表达他们的爱,显得有些笨拙含蓄呢!他们不会每天早晨说爱你,但会早早地热好一杯牛奶,拿着你的外套站在门口等着送你上学;他们不会在你取得考试进步时马上不吝赞美之词肯定你,可能只会满脸兴奋地赶紧到菜场选几只你最爱的大闸蟹;他们更不会对着晚上 9:30 还在奋笔疾书的你说快来看看这个有趣的综艺节目缓解一下,只会轻手轻脚地端来一碗红枣银耳羹,并帮你关上透着微凉夜风的窗户。

日常生活中的"碎碎叨叨",时刻紧跟着的关注目光,便是他们表达的爱与在乎了。面对父母的付出,我们肯定要懂得感恩。面对父母的不足,我们只好学会大方地宽容,也可以友善地沟通。如傅雷先生这般博学儒雅的父亲,在愿意与儿子成为无话不谈的朋友之前,也曾有过不少的苛责与盲目。我们与父母是在共同成长的,携手同行的路上难免会起矛盾冲突,不过可别郁结在心、一味逃避。亲爱的真假,你愿意向父母先迈出那一步吗?平和真诚地敞开心扉,告诉父母你的迷惘,等待他们意识到你的真正所需,调整自己的盲目给予。你愿意先开始这份无话不谈的亲密吗?或许是在一个凉风习习的夏夜,在他们给你端来爽口的冰镇西瓜时。

亲爱的真假,可别嫌我唠叨哈。真诚祝愿你的前行路上洒满爱的光芒。

彬亚檬萱

## 8 怎么摆脱父母离婚给我带来的综合征？

昵称：梵高　　　年龄：13　　　星座：双鱼座

去年，我的父母离婚了，说实话，他们的离婚在我的意料之中，因为这几年，他们不是吵个不停，就是谁也不理谁，我已经受够了他们的"战争"。然而，我被判给了爸爸，平时和爸爸一起住，周末去妈妈家住。不知从什么时候开始，晚上睡觉，我总觉得胸闷，大气不能喘，整晚整晚睡不着，有时候睡着了，一觉醒来浑身乏力，一天的学习都提不起精神来。我的脑子里总是浮现出奇奇怪怪的想法，喜欢独处，喜欢用刀子来伤害自己，这样我会感觉好受些。妈妈认为我是故意为之，逃避考试带来的影响，其实只有我自己才清楚，我自己有多累，有多苦。我困惑的是，为什么大人总是那么自私？什么时候他们能站在我的立场、我的角度来看问题？

**亲爱的梵高大师：**

你好！虽然你取了个比较高冷的昵称，但我现在好想拥抱你。会觉得生活很累吗？这段时间你确实比其他小伙伴们经历了更多。或许是郁闷，或许是孤单，或许是委屈，或许是埋怨……但亲爱的梵高，感谢你的挣扎与冷静思考，感谢你的放心倾诉，我今天才有幸与你对话。

每个人都有自己的独特个性，有自己的不同经历，有自己的奇妙缘分。走在人生的旅程中，很遗憾你的父母选择了不同的方向，去过不同的生活。亲爱的梵高大师，我觉得你是很明事理的人，你能够理解父母的分开对吧？他们生活在一起并不快乐，所以决定重新开始，那是他们觉得能够处理自己问题的较好方式。能够肯定的是，你的父母并未与你走散，他们仍会温柔期待你的青春岁月，仍会在你背后关切注视你的每一步前行。甚至我肯定，他们仍愿意站在你身后为你推起那一轮秋千，随着你的笑声不经意间就暴露了鱼尾纹，如果你仍愿意如从前般爽朗回头轻声要求的话。

他们会永远爱你，永远接纳你。但确实会令人困惑的是，为什么大多数父母总是无法站在孩子的立场去理解孩子呢？明明他们也为人子女，也是从孩子逐渐长大的啊，实在是难解呢！大概随着经历的增多、年岁的增长，所看到的世界、想做出的决定都会有所不同了吧！这便是成长吧，有剥离旧茧的残酷，自然也会有化蝶飞舞的新生。

世上没有真正的感同身受，我们都是本着对彼此的爱不断宽容、理解、接纳。父母会要求你好好学习，不分场景。因为他们经历了摘获学习成果的阶段，深刻明白了"好好学习，天天向上"的大用处。父母会觉得你这么大点孩子怎么还喊苦喊累的，有想过他们的难过与苦楚吗！父母不会完全敞开心扉与你谈论他们的所思所想，因为他们觉得正青春年少的你还不够成熟稳重，还不能够理解他们的顾虑与难题。是啊，多无奈啊，我们都会有自己的角度，有自己的方向。但我们要学会自我调整，最终也会自我疗愈。

所以，亲爱的梵高，别多想这几位"大人"的事了，专注在自己的人生方向上吧。我能够感受到你在努力调整与坚持，调整着适应周一至周五与爸爸共同生活、周末与妈妈相处度过的新状态，坚持着好好告别今天、期待迎来明天。会觉得周一至周五的生活过得自在随心却有些粗糙吗？会觉得周末的生活更井井有条但多了些唠叨吗？哈哈，父母还会是原来的"配方"吧，只不过要分时感受了。

生活中的种种变化，可能不尽如人意。心里装着的很多事，可能找不到合适的倾诉对象。压抑着的苦恼，或许没有得到父母的重视。我很心疼你，心疼你无法安心地进入酣畅梦乡，心疼你用伤害自己的方法来作为情绪宣泄的出口。以后可绝对绝对不允许了哦！其实，我们还有其他的方式来排解内心的苦闷。我想与你分享一二，希望你能够采纳哦。

你听说过情绪识字率这个说法吗？就是把情绪用一些词汇标出来，比如：开心、欣喜、苦闷、孤单、愤怒等等。当我们用语言准确地识别出这些情绪时，这些情绪就走上了被疏导的第一步，他们就不会在大脑里、身体里到处乱窜，我们也不至于用自我伤害的方式来驱赶它。一定要试试哦，下次再遇到情绪波动时，先做几个深呼吸，让内心慢慢舒缓下来，做好与不良情绪"斗争"的准备。然后问清对方来路：现在情绪大军是派出了哪几员大将啊？报上名来，待我一一记录。嗯？为什么这几员情绪大将会出来叫阵呢，出于什么原因与想法？它们张牙舞爪地呐喊，确实是拿对了旗号吗？没有冒充的吧？知己知彼，方能百战不殆。了解了情绪背后的需求与根源，才能有针对性地出招：我需要的是什么呢？怎样做可以实现我的需要、安抚我的情绪呢？去发现每一个负面情绪背后那个未被满足的需求或者未达成的愿望，然后做出及时调整，才是消灭坏情绪的有效方法！

当觉得自己内心有许多不同的情绪、纠结的想法时，我们也可以采用写日记的方式，把整个"心路历程"记录下来。再以一个世上最懂你、最贴心的朋友的角度，去和自己对话，把压抑在心底的情绪释放出来。

当然，亲爱的梵高大师，在感觉痛苦的时候，也可以向身边的人寻求帮助、吐诉心声，可以是信任的同学、朋友，也可以是专业的心理健康老师……在你愿意的时候，不妨也试着跟父母说说你的心里话。毕竟，明白说出来是最直接有效的沟通方式。

关于睡不好觉的问题，可千万别自己随意吃安眠药之类的哦。我有一套自我放松催眠法传授给你，晚上躺在床上时，播放舒缓的轻音乐，全身心投入做放松练习。做法很简单：慢慢地吸气，把气吸到腹部，然后再慢慢地呼气，吸气和呼气时都默数4个数，重复8次以上，大脑会慢慢放空下来。

这个时期，是长身体的黄金阶段啊！除了睡眠，每天保持一定的运动时间，也非常有必要！不知道你喜欢哪一类体育运动呢？篮球？羽毛球？跳绳？哈哈，我最喜欢的嘛，是竞走，俗称快走散步。一起运动吧，强大心肺，改善气色，提高耐力，有助睡眠……好处多多啊，说不定还会认识有共同语言的朋友。

亲爱的梵高，我是不是越说越啰唆了啊。刚开始回信时我的心情还挺低沉的，不过越说越兴奋哈。面对生活中的无常和变化，在刚开始时可能会经历一些挫败和无奈，但我们可以在不断适应和调整的过程中寻得更好的生活姿态！相信你，也祝福你，在青春旅程的这段特殊经历中，可以破茧成蝶，拥有更广阔的新世界。

彬亚

## 9 能给我"重置"父母吗?

昵称:重置　　　年龄:14　　　星座:巨蟹座

我的困惑是,只要跟父母待在一起就很不舒服,他们不允许我玩游戏,也不允许我和别人聊天,收走了手机、平板。我一打开电视,他们就会刻薄地指责我是不是不想读书了。

我跟父母关系不算十分好,关乎自己想法的事从不与他们说。我偶尔会跟朋友倾诉,但有些话我也不知怎么跟朋友开口。我知道心中的负能量没谁喜欢听,我怕朋友讨厌我,已经很久没再倾诉了。我总会幻想自己如果能优秀,那生活会变得怎么样,其他人对我怎么怎么样。也有阵子总幻想自己自杀的情景,在死前我会如何告别……以及死后其他人会怎么样。我想过"咸鱼"一般的生活,但现实不允许我这么做,真的很想逃避一切问题,走了就都没了。

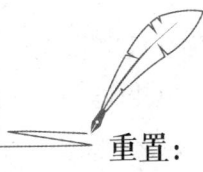

**重置：**

Hi！朋友，名字很酷哦。感谢你与我分享困惑，让我认识了一个真实的你。如果某段人生或某些经历真的能像游戏闯关一样可以重置，那该多好啊，我们可以重新选择队友，重新添置装备，重新制定战术……我也曾这样想过。当然，我们的生活并不能像游戏闯关一般，可以换个账号任意抹掉过去，轻松开始新生。不过，这并不意味着我们没有任何重置的机会啊！

虽然不能重新选择父母，但我们绝对可以重置与父母的关系和相处模式。虽然不能重新配置自己的各方面先天素质，但我们肯定可以凭借自己的努力增加技能、改变现状，成为一个更优秀的人。亲爱的重置，你说的很对，走了就什么都没了，我们不会再迎来从呱呱坠地开始的新人生，也会失去重置接下来这数十年岁月的所有机会，而你的父母会在他们未来的人生中永远有份难以消解的痛苦。

我能够感受到你想要改善与父母的关系却找不到有效方法的失望与伤心。我也能理解你希望拥有更闪亮的青春却感到走得太吃力，因而想要放弃的挣扎。每个人都被上天分配了不同的困难与幸运，如果逃避了困难，往往也会错过下一站的幸运。我很欣喜看到了你依然敢于亮剑前行的向上的那颗心。在这里我想要一次性向你疯狂发送100个握拳加油的表情包，请接好！

亲爱的重置，愿意与我一同重新看待你目前所遭遇的负能量吗？我们来看看有什么办法能够将这些负能量重置为正能量呢？

关于与父母不算十分好的关系，是不是可以解读为你们之间的矛盾并没有到"苦大仇深"的地步呢？只不过是父母不允许你玩游戏、聊天，收走手机、平板，一打开电视就会指责你的这些干涉行为，让你觉得很不舒服吧？我相当理解，看上去确实有点过分了！不过，我不知道你的父母为什么这么做呢？凭生活经验猜想，应该就是不想让电子设备、网络游戏影响到你的学习，希望你把更多的时间与精力都用在读书上这些老生常谈的事吧。

天下父母无一不希望自己的孩子能够成才从而拥有更灿烂的未来。这一点，你和父母，不正是站在同一阵线上的吗？你也同样希望成为更优秀的人，拥抱更闪亮的人生，获得更多肯定与夸赞。那么亲爱的重置，在针对"是不是不想读书了"的指责时，你是如何回应的呢？不如告诉父母你的学习计划与时间管理吧，通过友善沟通与实际行动，让父母明白你已经有能力成为自己的管理者。别对自己失望，亲爱的重置，因为你是一条渴望翻身的"咸鱼"，不是吗？哈哈，不好意思，用了这么一个比喻。如果在学习与其他方面存在暂时无法解决的困难与阻碍，大胆告诉父母，寻求他们的支持与帮助吧。毕竟，"翻身"这种事情，自己做起来虽然很难，但有了他人的帮助肯定就不一样了哈。

关于不想让自己的负能量过多打扰到朋友这件事，我觉得你是个很善解人意、懂得照顾朋友感受的人。同时也夸夸我自己，我和你的想法类似哦。曾经我作为美术生，有一段时间成绩非常糟糕，我都要崩溃了，本想自己坚强地扛过去，但还是在某个初夏的晚上在好友面前忍不住放声痛哭。那天好友的耐心劝慰、回家后看到父亲在餐桌前帮我整理学校信息与冲刺教程的身影，不管是什么时候回想起来都会觉得非常温暖。不要小瞧身边人的鼓励哦，其实他们也一直在默默关注你！

确实，没人会一直喜欢被倾倒负能量。也总有些话是难以说出口的，那就放在心上吧，或者记在日记里，与自己对话，与自己和解。或许，偶尔也可以将倾诉转换为其他更有趣的方式宣泄负能量啊。不如拉着好友的手放肆奔跑在校园的操场上，然后像个"傻子"一样不顾形象地大笑；不如放学后约上好友"游窜"在小吃街和文具店，去品尝那家总是要排队的冰沙，去寻找早上学生会同学夹在值日记录本上那样超有个性的笔……说到这里我都有些蠢蠢欲动了呢。

关于对未来美好的期待与现实中前行的辛苦，它们之间确实总像互不妥协的"死对头"一样折腾着我们的内心。但亲爱的重置，不要过于担心将来，你会像来到现在时一样，去到将来。种一棵树，最好的时候是十年前，另外一个最好的时候，便是现在。再次疯狂发送100个握拳加油的表情包，请接好！

别觉得孤单，亲爱的重置，这个地球上有好多好多人同样也有想要逃避一切的感受，但他们却未必有你这样的勇气敢于正视。这世上存在着许多无力改变且不美好的事物，但这并不能阻止那些生活中细小却蕴藏着大能量的美好进行时。

生命的张力是无限的。祝愿善良、赤诚、勇敢的你，能够珍藏更多生活中的幸运与美妙，从今天开始，100%启动，用自己的力量大胆重置。期待你哦！

亚时光岁月

## 10 如何亲近说爱我的父母？

昵称：北海道渔场场主　　年龄：15　　星座：狮子座

父母总是说爱我，一切都是为了我，但是他们真的爱我吗？如果他们真的爱我，为什么从小就把我丢在老师家？从幼儿园开始直到小学我就被全托在老师家。一到放学时间，别的小朋友都满怀期待地等待着爸爸妈妈来接，而我只能和同学结伴去老师家。我多羡慕那些每天都被爸妈接回家的同学啊！我也曾经哭着闹着要爸爸妈妈。后来我发现哭又有什么用呢？在老师面前我不愿意哭，在爸妈面前我的眼泪反而惹得他们开始伤心自责。渐渐地，我不哭不闹。

上了初中，我被安排到寄宿制学校。好不容易到周末，却要去不同的补习班，晚上再回阿姨家。妈妈会经常打电话给我，电话那头的她总是说着"零花钱还够不够用啊？要认真学习，要听老师的话。过几天我们就回来了"。除了"嗯，知道了"我不知道还能回些什么。碰到不开心的事、委屈的事我不知道能告诉谁。爸妈会给我很多零花钱，给我买很多昂贵的东西。同学羡慕我想买什么就买什么，可我羡慕他们有爸妈在身边。父母对我而言，又亲密又疏远。没有陪伴的爱，是真正的爱吗？

**北海道渔场场主：**

世界上有很多美妙的声音，或许是早晨枝头清脆的鸟啼，或许是掠过柳林的风声，或许是水流的清音，或许是曼妙的琴声……但是，读完你的来信，我想，世界上最甘甜的声音，莫过于一个人打开心门的声音，一个困惑的孩子倾吐困扰的声音。

看到你信中所写，我不禁觉得这和曾经的那个我何其相似。那时候我很爱听一首歌，歌名我已忘记了，只记得其中几句歌词，"我们是天上的星星，我们在孤单地旅行，相遇是种奇迹，想懂得爱你的意义……用温暖微弱的光，照亮了彼此的心，茫茫夜空里，听见心跳的声音。"我听着歌，觉得自己只是茫茫夜空里永远不能与爱相遇的那颗孤独的星星。那时的我，也正读初中，大多数孩子都待在爸爸妈妈身边，而我只能寄宿在学校。我害怕不读寄宿制学校耽误前程，害怕在爸爸妈妈面前哭，也不想让老师同学看到我的软肋，于是，我只好孤独。

但我们是何其幸运，文字以信纸为媒介，将我们的情感这样牵连在一起，让你这颗正在孤独的星与曾经孤独的我这颗星，在浩瀚宇宙中得以感受彼此温暖柔软的光。

我们都能深切地体会到这份对爱的渴望。那不妨想想，我们在渴望什么？你一定会说，渴望父母的陪伴。那再仔细想想，如果父母真的能陪伴着你，你希望是怎样的陪伴？坐在你的身边陪你一起学习？一起看电影？一起坐在桌边吃一顿温暖的饭菜？我想，这些都是我们想要的。

其实道理大家都懂，曾经的我也懂，父母有自己的事业要忙，我们要做个懂事的孩子。但是，懂事并不意味着就是关闭沟通的心门。仔细想一想，父母的爱对于你来说，亲密又疏远，极其渴望而又极其遥远。但是，只有守在身边的爱才是真正的爱吗？只有耳畔的细语才是温情的沟通吗？

曾经有人将人际关系包括亲子关系分成了四层，我想请你看看，你正处在哪一层呢？

第一层：孤立状态，不求助。（自己有想法不会向父母求助。）

第二层：坏的连接关系。（父母可能总是责怪、要求、只负责挑毛病，自己说出来又会考虑到父母可能会怎么评价。）

第三层：虚假的良好连接。（表面上很好，其实没有真正感觉到好，或者是都不是自己想要的好。）

第四层：真正的连接关系。（有话直说，勇于承认自己需要帮助，主动求助，互相关心，有信息和学习的流动，倾听，督促成长。）

不需要说，谁都想要第四层这样的关系。但就像游戏通关一样，胜利之前总要经历一些自己不想面对的难关。我想，我或许可以提供一些让你早日通关的秘诀。

我们常常说这个词——"换位思考"，那我们一起来换位思考一下。你爱爸爸妈妈，爸爸妈妈爱你吗？答案是肯定的，如果不爱你，爸爸妈妈也不会经常给你打电话，不会给你那么"多"的零花钱了；你想念爸爸妈妈，爸爸妈妈想念你吗？你想要他们的陪伴，他们想要陪伴你吗？这些问题，你可以问问爸爸妈妈，或许就能得到答案。

许多话，不说，就永远压在了心底；有些话，说了，心就得到了解脱。如果你需要情感的宣泄，也不妨向爸爸妈妈真实地表达你的情感，哭也好，闹也罢，这不是你的不懂事，这正是你情感得到宣泄的一种途径。或许你会说，爸爸妈妈要是不同意我的观点呢？我想，这并不妨碍你们之间感情的沟通呀，或许中间你们会争吵，但往往在强烈的情感沟通之后，大家都能对彼此生出感同身受的体会。

在我看来，你愿意以书信的方式向我提出你的困惑，你也可以向信任的好友、信任的师长等提出你的难过。倾诉也是治愈的良药，一个学会倾诉的人，往往拥有一颗轻松的心。

正如你信中所写，有的人羡慕你现在所拥有的，而你又在羡慕他们所拥有的，这不正告诉我们要珍惜当下吗？很多小朋友直到成年才开始习惯独立的生活，而你却更先一步地学习如何独立生活。幼鸟如果不学习独立飞行，终会饿死在温暖的巢穴；而敢于从悬崖上张开翅膀的幼鸟，过不了多久就能成为天空中那翱翔的自由精灵中的一员。提早适应独立生活的经历，总有一天会让你在同龄人中脱颖而出，因为，独立让你能够拥有一颗强大的内心，而强大的内心，会源源不断地迸出飞燕般鲜活的力量！

回到"爱"这一关键词，我想说，爱不是占有，也不是索取，更不是一种将自己的要求强加在别人身上的情感。爱，是一种温暖彼此内心，柔软彼此内心，成就彼此的一种力量。据科学研究发现，人体是能发光的，这种微光随着心情的变化而变化，这也许就是我们的"能量场"，爱就是连接人与人之间的能量场的桥梁。所以，爱，不是隐忍，不是委曲求全，更不是闭口不谈内心的真实感受。爱，是一种沟通，是一种交流，是一种以微光相互慰藉的力量。爱，是力量，是温暖的力量。

最后，与你分享这样一段诗：

原来，让内心强大
我只需要看到自己
接纳我还不能做的
欣赏我已经做到的
并且相信走过这个历程
终究可以活出自己，绽放自己

仙丹俏位

## 11 如何在兄弟姐妹争宠中获胜?(两篇)

### (一)

**昵称:富察·容音**　　　**年龄:15**　　　**星座:天蝎座**

就在去年,我有了一个弟弟。一开始我很开心,慢慢的,我发现姐姐并不好当。我觉得爸爸妈妈把注意力都集中在小弟弟身上了,没有以前那么关心我。有时候还会因为我没有照顾好弟弟而指责我。

就在上个星期天,弟弟坐着学步车在客厅走来走去摔倒了,嘴巴摔破流了血。我就坐在旁边,可我当时没有反应过来,弟弟摔倒的那个瞬间太快了。弟弟"哇"的一声哭出来,妈妈跑过来,抱起弟弟,转头对我说"你怎么不看好弟弟"。那个时候,我真的非常伤心,我呆呆地站在那里,愣住了。那个瞬间我的心里很不是滋味,自责?难过?生气?我不知道。以前那么关心我的妈妈,现在好像更爱弟弟。周围的大人都说我是姐姐我要让着弟弟、照顾弟弟,我当然会照顾他啊。但是面对爸妈的忽视,我渐渐觉得不公平,有了故意和大人作对的念头。他们说我没有以前那么乖了,可是凭什么所有事都要顺着你们来,谁考虑过我的感受呢?

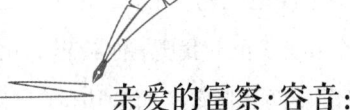

**亲爱的富察·容音：**

收到你的信，我心中五味杂陈。你的叙述，让我想起了我的孩子。作为一位母亲，我在反省，生活中的我有没有这样伤害过自己的孩子？我的孩子有没有因为我而受伤？容音，你让我心疼。

作为教育工作者，我很早就知道"关注"对一个孩子的重要性。所以，当我有两个孩子后，我都时常提醒自己要一碗水端平，要让我的孩子知道我很爱她，每一个，同样爱。容音，这样的母亲，是不是就是你想要的呢？然而，理想很丰满，现实却总是很骨感。生活中，我的孩子们还是会争吵、会生气，还是会觉得我偏爱了其中的一位。所以，我常想，究竟哪里出了问题。

容音，你的困惑缘于你是女儿。我的困惑，则缘于我是母亲。正好，让我们一起来探讨这个问题，找到帮助彼此的办法吧。

我们先讨论一个问题：为什么孩子总觉得爸爸妈妈好像更爱另一个兄弟姐妹？这个问题里有个词叫"觉得"，敏锐的容音发现了吗？容音，你的爸爸妈妈是否真的更爱弟弟？啊，不要急于回答，因为答案并不重要。重要的是无论这个答案肯定与否，你依旧会常常觉得"爸爸妈妈好像更爱弟弟"。

知道我为什么那么笃定吗？理由有两个，一个来自我的孩子，无论我的内心觉得自己多么一视同仁，但在生活中，她们依旧会感觉到我的偏向；另一个理由则是来自我自己的生活经历。第一个理由你肯定能懂，我来详说第二个理由。

我们家有一个男人三个女人：爸爸、妈妈、两个女儿。日常生活中，两个女儿会对爸爸妈妈的爱进行评判，妈妈和两个女儿也会对爸爸的爱进行评判。我常常跟我家先生开玩笑："我在你心中是没地位的。"这么说是有原因的。你看，下班的爸爸刚进门就拥抱两个女儿，至于我呢，他给忘了。临睡，温情的爸爸会亲吻两个女儿，深情凝望两张睡颜，而旁边的我，他也忽略了。姐姐学习成绩下降了，他先指责我；妹妹生病了，他先追究我是否照顾周到。哦，天哪！说起来我们真有"同是天涯沦落人"的味道。可是，我的先生对于我的发现却显得很无辜，他甚至觉得他更依赖我。好玩吧？

再告诉你一个秘密，我发现，恋爱中的爱人，工作中的职员，相聚时的朋友也会这样，有时感觉到自己被重视了，有时发现自己被忽略了，他们的心情就在这变化之间患得患失。读到这里，容音是不是睁大了眼睛？

现在再回过头去看刚才那个问题，容音有没有隐隐约约发现答案？这种患得患失，总觉得自己被忽略的感觉其实是一种人性，一种内心需要被人看见的人性。所以，容音、我的孩子包括我自己在家庭关系中会感觉到不快乐的一部分原因是因为我们的内心需要安全感、存在感，渴求情感的满足，追求自我价值的实现……

也正因为这样，当容音听到别人劝慰你"爸爸妈妈还是很爱你的""弟弟小，更需要照顾，你小时候也是被这样照顾的""作为姐姐，你要学会体谅爸爸妈妈，照顾弟弟"诸如此类的话都无法释怀。因为你控诉指责的目的只是想要被爸爸妈妈看见。

所以，当我看到你写自己感觉被父母忽略、被父母冤枉，依旧能说出"我当然会照顾他啊"的话时，我真的很动容，我们的容音是个多么善良宽厚的孩子啊！

想要被看见为什么让人这么不快乐？

为了找到这个答案，我翻阅了很多书。书里的智者解开了我的疑惑，他们说，那是因为我们的眼睛只看向外面，将安全感和存在感刷在爱的人身上。这句话有些深奥，我是这样理解的：因为希望得到父母的关注，我们就会只关注父母的言行举止，在父母对待两个孩子的过程中去权衡轻重大小，不停地去重复验证对方爱你有多少，只期求被父母关注，期望我们的言行举止被父母看见，期望我们的一颦一笑得到父母的回应，期望父母都能给予我们需要的爱的重量和质量……一旦他们没有给予响应，我们心里就会产生不平衡，产生不良情绪：委屈、抱怨、不甘……变得越来越不快乐。

那，就没有办法让自己变快乐了吗？答案当然是否定的，我们聊这么多的目的就是为了找到方法疗愈自己，走出不快乐的阴霾啊。

先来讲个故事。相传在威斯敏斯特教堂旁边，矗立着一块墓碑，上面刻着一段非常著名的话："当我年轻的时候，我梦想改变这个世界；当我成熟以后，我发现我不能够改变这个世界，我将目光缩短了些，决定只改变我的国家；当我进入暮年以后，我发现我不能够改变我的国家，我的最后愿望仅仅是改变一下我的家庭，但是，这也不可能。当我现在躺在床上，行将就木时，我突然意识到：如果一开始我仅仅去改变我自己，然后，我可能改变我的家庭；在家人的帮助和鼓励下，我可能为国家做一些事情；然后，谁知道呢？我甚至可能改变这个世界。"

原来，容音，我们改变不了外面的世界的时候，是可以改变自己的。

也就是说，当事情发生的时候，我们可以改变自己看待问题的角度。比如，当妈妈因弟弟摔倒指责你的时候，你可以判断怎样做能让自己不会因这个误解而受伤。你可以转变角度看待妈妈对你的误解："可怜的弟弟，他都流血了，妈妈一定很自责很心疼，所以才口不择言。"当跳出个人的角度再去看问题，找到让自己内心舒服的解读和思考。你就不会常常觉得爸爸妈妈好像更爱弟弟了，你会发现爸爸妈妈关注点的转移只是因为你变强大了，爸爸妈妈开始一点点倚重他们心爱的女儿了……

当我们转变思维,我们会发现自己的内心越来越强大,不再因风吹草动而心潮起伏,我们有能力做到泰山崩于前而色不变。容音,这样的我们是不是特别棒?

当然,我们还可以探讨一个问题:父母能不能改变对待你的方式?答案是能。当不快乐时,就请将你的想法说给父母听,让他们听到你的诉求,看到你的不安和委屈。如果开不了口,那就像这次一样,将你的心情和渴求写成文字,让他们看见。天下的父母都是爱着孩子的,只不过不是所有的父母都能以孩子需要的方式去爱孩子而已。"沟通与合作,带来完善紧密的联系和无限的效益。"容音,你那么聪明,一定知道怎么做。

很多时候,历经伤痛只是为了让我们变得更坚强。

不知道这个回复能不能让你从困扰中走出来,但我相信一个喜欢富察皇后的孩子一定有能量让自己变得更强大。

小美妞妞

## （二）

昵称：戏子　　　　年龄：12　　　　星座：双鱼座

　　我有一个龙凤胎姐姐，跟我在同一个班级，但是我们俩却像上辈子的冤家，几乎天天吵架。在学校，当我问她问题时，她总是带着不耐烦的语气，不仅不想教我，还会嫌弃我笨；在家里，她被爸爸妈妈批评，总是要把我牵扯进去，让我无缘无故受罚，而爸爸妈妈也不听我解释，姐姐说什么就是什么。

　　我知道，因为姐姐成绩好，所以爸妈总是相信她的话多一点。可我也只比姐姐差了一点，难道就因为这么一点成绩的差距，所有的事情就都应该是我的错吗？有时候，我觉得这个家里根本没有我的位置，爸爸妈妈只爱姐姐，根本就不爱我。难道成绩好就可以得到父母的爱，为所欲为，而成绩不好就连为自己解释的资格都没有吗？

戏子：

你好！看到你将你的困惑娓娓道来，在我脑海里迟迟抹不去的是你简简单单的"龙凤胎"三个字。你知道这该是多大的缘分吗？别人可能会拥有哥哥姐姐，弟弟妹妹，可是于你而言，你拥有的是一个与你同年同月同日生，从小一起玩耍，一起学习，一起成长的最好的伙伴。能有一个相拥而生的双胞胎兄弟姐妹是多么令人艳羡啊！我想，从小你应该没有体会过一个人回家，一个人上学的这种孤独吧！你一定还记得小时候跟着爸爸妈妈一起出门，外人羡慕的眼光和爸爸妈妈脸上自豪的笑容。我想，在爸爸妈妈看到你们出生的那一刻，他们该有多么兴奋啊！上天给他们带来了这样一双宝贝，他们当时一定想象到了未来二三十年后，姐姐是怎样地体贴照顾弟弟，弟弟又是如何勇敢地保护姐姐的情景。

抱歉，我过于兴奋了。让我们从头开始，厘清你的困惑。你说你和姐姐像上辈子的冤家，天天吵架。我想说的是，在这个世界上，没有哪个姐弟是从不吵架的，可能你口中的"冤家"也是一种莫名的说不清道不明的缘分与联系吧。关于吵架，我很想知道每次吵完架，你们姐弟是怎样"收场"的呢？让我来假设一下：是不是姐姐主动找你或是给你台阶下，她会想尽办法缓和你们之间的关系？可能是你不曾注意到的一个细微的举动，也可能是略显尴尬地喊你吃饭的一句话，更可能是我这个外人不会知道的你们姐弟的秘密方式。看到这里，说不定你会轻蔑地说一句"才不是呢，她什么都没有做"。那我知道了，那个道歉的人是你。如果是这样的话，那我是否可以认为她也没有错到多么离谱的地步或者说在你内心深处还是想让让这个"幼稚"的姐姐呢？如果要给你们这对"冤家"前加个修饰词，"欢喜"二字再合适不过了！戏子，你知道吗？我们人类很奇怪，总是将悲伤的、负面的情绪留给自己最亲的人,把气撒在最重要的人身上,而将最光鲜的一面留给外人。我想,姐姐也是如此。她无数次与你吵架,甚至让你觉得她不可理喻,是因为姐姐知道,不论怎么吵、怎么闹,弟弟还是自己的弟弟,那个对她来说最重要的人,那个不会离开她的人。

好的,让我们接着往下看。你说当你问她问题时,她总是带着不耐烦的语气,不想教你嫌弃你笨,那么她最后是不是依然口嫌体直地当起了你的小老师呢?你说她被爸爸妈妈批评,总是要把你牵扯进去,让你无缘无故受罚,是不是她已经意识到了错误,希望你是那个她做错事情时可以保护她的人呢?我想,双鱼座善解人意的你应该最了解双鱼座敏感又自尊的她了吧!那么亲爱的戏子同学,现在让我们暂时抛开你的困惑,一起闭上眼睛,细细回想这十几年来与姐姐的点点滴滴。这么多年来,姐姐在外人面前可曾说过一句你笨,我想恰好相反,她应该很庆幸有你这样一个弟弟:一个有事一起扛、开心一起分享的不一样的家人。只是不善言辞并害羞的她并没有让你听见这一切。

说到这里,我亲爱的戏子,我们不要忘了姐姐也只是一个与你同龄的初中生啊。你可曾站在姐姐的角度思考?说不定她也有很多的难以启齿的困惑。她可能并不知道如何与你相处,不知道怎样表达她心中的情感,看似"处处不饶人"的姐姐是否真的过得无忧无虑?你说她成绩好,那我想她在背后一定付出了许多的努力,在这么多年努力的过程中,她难道就没有任何难解的困惑与难以言说的压力吗?也许爸爸妈妈看到了许多你没有注意过的姐姐不一样的一面,所以他们懂姐姐的辛苦,但这真的是你所说的"更爱姐姐多一点"吗?我们总说父爱如山,母爱似水,十几年来爸妈一定抱着望子成龙、望女成凤的心情培育着你们,他们爱你也爱姐姐,他们是这个世界上最希望看到你们成长、成才的人,也许爱的方式千差万别,也许在这之中让你产生了误会,但我相信只要我们换个角度,走出现在的固定思维,也许你会看到不一样的世界。

　　戏子同学,感谢你勇敢地向我分享你的困惑,可能在你将这一切说出来的时候,你的心中早已有了答案。今天,你愿意在这里聆听我一个陌生人的建议,那么是否你也愿意向姐姐踏出一步,去讲讲你的看法,去听听她的想法。未来,可能你会发现你是多么幸运,在茫茫人海中有这样一个最好的解惑人,其实就在你身边!

冬眠的蜗牛

## 12 如何向父母证明我也可以？

**昵称：呐喊的可达鸭　　　年龄：13　　　星座：摩羯座**

　　首先，我在写下自己的困惑的时候，可以确定的是爸妈是关心我的，他们总是无微不至地照顾我的生活。但是有时候我讨厌他们和我说话。他们总是说我这个不好那个不好，尤其是当着亲戚朋友的面，他们总是喜欢跟别人说我爱睡懒觉、动作拖拖拉拉……他们看到邻居家小孩的画时会感叹这个孩子画得真好，可是当我提出要学画画时，他们会说"你哪有这个本事"。类似的情况还有很多，父母这种打击式教育，让我很没自信。也许他们说完就忘了，但是我总觉得很受伤，好像自己很没有用。一开始，我会辩解道："你们怎么知道我不行？"但是慢慢的，说的次数多了，我就懒得回应了。

　　现在遇到什么比赛，我心里都没有勇气去参加，总觉得自己不行。我讨厌这样的自己。我该如何向父母证明其实我也是可以的？但我真的可以吗？真的很矛盾。

**呐喊的可达鸭：**

你好！在《精灵宝可梦》里面，我特别喜欢可达鸭。因为它是大智若愚、不显山不露水的代名词。别看它平时呆头呆脑的。当它呐喊的时候，它的战斗力可太惊人了！用现在流行的话来说就是：曾以为是个"青铜"，但没想到是个"王者"。

那么，你是可达鸭吗？你想成为它吗？你想要呐喊吗？

我觉得，你是。为什么？首先，你观察细致入微。聪明人应该是个善于观察自己和周边的人，你能确定爸妈关心你，也观察到他们恼人的地方，就说明了一切。其次，你有表现的欲望，你想向父母证明你的能力。最后，你有理性思考。你愿意把你的苦恼分享给我，让第三方冷静判断。综上，我觉得你是可达鸭。那我们通过几个小问题来分析你的困惑。希望能够帮助到你哦！

可达鸭的呐喊是主动的呢，还是被动的呢？嗯，在动画片里，可达鸭受到别人的重压后才不得已放出大招。

或许，你的爸爸妈妈也饶有童心并善于观察，得出了这么个道理，便想反向鞭策你早起、干练。或许，你的爸爸妈妈也想帮助你释放出大招让你获胜，但可能他们用力过猛把你打懵了。或许，爸爸妈妈的良苦用心被你误解了，才让你迟迟不能接招。当然，我可没有让你也去当着亲戚朋友的面打击你的父母哦！你放的大招，或者说你父母理想中的你放的大招，你应该知道是什么吧？

可达鸭的呐喊是厚积薄发的呢，还是说来就来的呢？可达鸭可能需要积攒好几集的能量才能释放一集。那我们来看看，无论是你的辩解，还是他们的不屑，是不是都带着点冲动、恼火的意味呢？理性的你也应该知道，在冲动的时候，我们说的话都是不经大脑的。

不妨，让我们都冷静一下，休息一下，相约夜深人静，无亲戚朋友的打扰时，再来说说这事。你可以把这些你观察到的你不能接受的事情积累起来，罗列起来，然后和家长好好开一次家庭会议，当他们知道你是诚意满满，有备而来的时候，他们也就要重新重视你的感受了不是吗？你都说了你的父母是关心你的，无微不至照顾你的，既然无微不至的话，你的感受他们也应该要照顾到的吧？所以，给反抗打击式教育一个酝酿期、缓冲期吧！

可达鸭的呐喊是为了证明自己的存在呢，还是实现自己的价值呢？一直觉得可达鸭很酷，因为它不会想着去拍谁的马屁而去刻意刷存在感，不管发生什么，它依旧是那个自信且有能力的宝可梦。你呢？如果你只是依赖父母或者别人的肯定、夸奖而活，你的人生是不是少了点自由自主的部分呢？我们可不是为了向别人证明自己的存在而呐喊，而是要为实现自己的人生价值而呐喊！

那么，不要因为父母的打击而耽误了你创造自我价值。勇气不是别人给的，而是你内心涌动翻腾出来的。来，现在和我一起手捂胸口，能不能感受到心脏有力的跳动呢？这里，才是你勇气开始的地方。这里，一直在告诉你你可以！你真的可以！只不过，你好久都没去认真听你的心声了，就像你的父母一样。你要学画画，就严肃认真地和父母交涉，毕竟物质上还是需要父母支持的。当然，你也可以自食其力，自己赚学费更能体现出你的能力。你要比赛，就积极勇敢地去比，准备充分地去比，不怕失败地去比！

可达鸭的呐喊是一击即中的呢，还是会有失误的呢？动画片里，小霞让可达鸭战斗时，可达鸭是不是也会因为各种突发状况而失败呢？所以，我们也得认识到失败总会有的。而我们要做的是从失败中吸取教训，而不是逃避。可达鸭输了难道就不再战斗了吗?

可能,父母不愿意听从你的想法,依旧是打击式教育。那你就这样了吗?越挫越勇、韬光养晦是可达鸭传给我们的美好品质!当然,这可不是说等你长大后再去打击式教育你父母哦!这意思是,一定要和父母沟通,他们不理解就换种方式,直到把他们说服;一定要鼓起勇气,去参加你想参加但不敢参加的比赛;一定要正视失败,失败没关系,从失败中站起来才是呐喊的可达鸭!

去吧,可达鸭!呐喊吧,可达鸭!加油,你真的可以的!

Hola

## 13 如何赶走青春期？

昵称：胡一菲　　　　年龄：12　　　　星座：狮子座

据我了解，青春期的范围应该是12岁至18岁，而我，也已经踏入了青春期的行列。进入青春期后，我感觉很多东西都不如从前了，特别是与父母的关系。现在，我与父母的关系相当于"青春期撞上更年期"，火花四溅啊。现在家里到处都弥漫着火药味，仿佛是一触即发的战场，走到哪都得提心吊胆。

"怎么又玩手机？作业写完没有？没写完还敢玩手机？你也不看看你的成绩，那么差还想要玩手机！"瞧，又发火了。这么咄咄逼人，我真的忍受不了了："你又怎么知道我没写完作业？使用手机怎么就变成玩手机了呢？都人工智能时代了，还不让学会使用手机？"我不客气地"回敬"他。"你……你还敢顶嘴？我辛辛苦苦养你十几年，你竟然敢顶嘴！"爸爸气得骂我。我忍着即将爆发的脾气，不耐烦地说："我这是捍卫言论的自由，为自己辩解！"说完，我跑进房间把门反锁上，顿时，一切声音都被隔绝在外面。和他们，总是一说话就"爆"，现在也就只有食物、衣服方面的共同语言了。冷静之后，一阵阵愧疚感、孤独感向我袭来，我无力地倒在床上，问自己："我到底怎么了？这就是青春期吗？我为什么就不能控制一下自己呢？"唉，为什么要有青春期这东西呢？要是没有青春期，我就不会和父母闹翻，我跟父母也能像个老朋友。可是，这世界上偏偏就有"青春期"这个害人的东西。

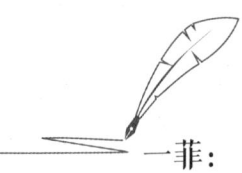

一菲:

你好！很多时候，勇敢问出问题的人，往往其实已经有了自己的答案。

青春期究竟是什么？为什么人的生命旅程里要有它呢？对于这些疑惑，我们不妨从它被人类赋予的定义入手。

首先，青春期是指由儿童逐渐发育成为成年人的过渡时期，也是人体迅速生长发育的时期，我们都在这一时期开始察觉自身的生理和心理变化，更多地关注外界的变化和看法，并开始希望能有平台可以表达自己，这是逐渐迈向成熟和学会控制自我的表现，也就是人们所说的"长大"。

青春期的主要特点在于"矛盾"。显然，敏锐的你察觉到了这一点，在受到父母的指责、劝诫时，你的第一反应是反驳和"回敬"，并且主动地表达了自己和父母观点的差异和不理解，这点是很好的。当你没有接到父亲理性的回应时，你选择了打断和及时回避，即跑进房间和反锁房门——设置出了一个以空间为表现形式的心理缓冲安全区。在这个安全区内，你感到了愧疚和孤独，也就是说，当心灵拥有了喘息的机会，你就很快意识到合理的表达和沟通的作用，会大于直截了当的反驳和回避。

这就是矛盾所在之处。你一方面希望自己可以学会第一时间控制自己，和父母好好沟通；另一方面，在受到父亲咄咄逼人的话语后，你却无法克制地选择反击。而且此类的情景应该在家里演绎过多次。一菲同学，你已经找到了答案，即"克制"。也就是说，你想问的真正问题并不在于"青春期时为什么会这样"，而是在于"面对他人让你不悦的话语和表达时，如何学会让理性控制自己和合理地主导话语权，使交流进行下去，而不是被负面情绪主导"。

谢谢你，胡一菲！你问出了一个非常具有价值的问题，而这也是很多人都希望能想明白、但不懂得如何问出的问题。当你遭到火气比较足的问话时，要快速调整好自己的心态。在有些愤怒的情况下，自省并不能很好地起效果，而且当你真正冷静下来时，已经会内疚和自主反省，所以在那短暂回应的几秒时，你不需要反省自己。你要做的，是快速地把父母表达的问题过一遍，而不是急着回答。

让我们回到你提供的例子。

"怎么又玩手机？"这是父亲抛出来的第一个问题，"又"和"玩"这两字是容易触及人的逆鳞的。关于"玩"的负面词较多，典型的就是"玩物丧志"，即你的父亲认为你使用手机是浪费时间。若你没有在玩游戏或者聊天，而是在查资料、上网课的话，这个时候就不用去反驳，只要让他认真看看你在做什么，父亲自然就不会认为"使用手机就是玩手机"了，他的怒意其实也已经开始消散，这个时候不要太大声，心平气和地解释几句，把动作表现在他面前，继续光明正大地做事就可以了。

你不必觉得自己受到了冒犯，他们的本意也绝不是冒犯你，而是多年相处下来，他们认为你应该听他们的指示，因为父母见证了我们生命中无数次的出糗和无知。他们同样也希望自己可以继续以值得你信任的角色，指点你去逐步完善人生。

如果你知道自己做的事情是对的，那就要有底气地告诉他们——你是对的。但若是你的确在玩游戏、聊天等等，也先别急着提高声调，请继续回顾父母的问题："作业写完没有？没写完还敢玩手机？"

发现了吗？这中间如果你并没有省略自己回应的话，他们就是在自问自答，也就是默认了"你没有写完作业"。如果你写完了，就可以先表达出"已经写完作业"这个事实，这个时候同时也隐含了一个因果，即因为你写完了作业，所以你值得拥有一些放松自己的权利。在这个因果过程的引导下，你的父母就不会揪住"作业"这个引火线不放，而是有可能转而告诉你去阅读书籍、预习复习等，这时候不妨接受他们的意见。如果他们严厉要求你再去做些额外的作业,而你不想做,就可以告诉他们,你不是一刻都不会停止的机器,你需要休息一下,然后告诉他们明确的时间规划,比如再使用手机五分钟。这下矛盾点就成功从"使用手机"转化为"任务完成后的合理消遣",道理和话语主动权就在你的手上了。

但如果你确实没写完作业,最好还是放下手机,以实际行动淡化矛盾。因为在这种情况下,"使用手机"会转化为"没有完成任务但是执意选择消遣",没有足够底气的行动和实际,你的发火从根本上是不合理的。

从父母的层面上,他们的表达显然也不够尊重你,一口气抛出了三个问题,的确是过于咄咄逼人。你可以在平和的时候与父母聊聊,比如先劝他们"一次性只问一个问题"。或许你觉得这个建议有些不可思议,但事实证明,当人同时遇到几个需要花费时间解释的问题时,会出现一定的思维混乱,需要时间理顺回答的逻辑性、合理性与优先级。而你还没有受到大量且长期的处理训练,所以感到无从下手,从而恼怒。一个个问题接次抛出时,双方都要有充沛的精力去深入思考。

你可以用沟通让他们明白,不需要以命令的口气对子女说话。你有独立的思考过程,并不是无条件接受他们意见的机器人,父母是孩子成长的参与者,而不是主导者。

再次谢谢一菲提出了问题,你的困惑正是成长、自省、正视生命的表现,精准地击中了家庭教育和心理能量冲突时的逻辑调整。希望在接下来的人生旅途中,你也有足够的勇气和智慧去表达自己的困惑,并且相信自己内心的答案!

过午

## 14  如何让老师看到我的努力？

昵称：背锅侠　　　　年龄：13　　　　星座：金牛座

为什么有些人一辈子在泥淖里挣扎，而有些人已经仰望星空或成为星空。比如学习上，我奋斗一年，辛辛苦苦发奋图强去学习，最终考试失败；而有些人平时不努力也能轻松夺得桂冠。不是说"一分耕耘，一分收获""努力就有回报"吗？为什么我努力了也得不到回报？最令人失望的是失败的同时我也没有得到世界的安慰，这个世界是以貌取人的世界。大多数人只会凭着主观意识行事，他们第一眼看你是个什么样的人，你就是个什么样的人。

你可以体会一下当你绝望透顶、心如死灰的时候，班主任仍说你"心没有静下来""不够认真努力"。她不了解我背后的努力，就武断下定论，因为我的失败就将我的努力全部否决。之前曾经有一次，纯粹是因为老师觉得我外向，另一个同学内向，她就认为指责我我不会有事，便将所有的惩罚都让我背，还时不时提起这茬。外向有罪吗？我对这样的老师无语！

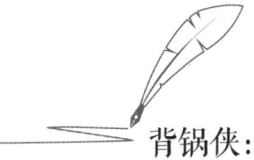

**背锅侠：**

  这位大侠，有幸在这个快节奏的江湖与你相遇，你好啊。不知称呼你为大侠是否冒昧，我可绝对没有戏谑的意思哦。或许是因为你自称"背锅侠"，或许是因为看到你的吐诉，我第一反应便是想要抱拳称你一声"大侠"。容我畅想，你肯定向往那片星空吧？鲜衣怒马少年时，多庆幸你已经提起了剑，做好了快意恩仇闯荡江湖的准备。你不会觉得你是在泥淖里挣扎的人吧？应该是我理解错误吧？我看到的你发愤图强、不卑不亢、努力前行，你的身上是有着光的，即使还没有那么耀眼。

  追寻星空的路上，难免会遇到令人失望、伤心的事情，也不一定总能走到预定的目的地。但这位大侠，我很肯定的是，努力了一定会有回报的，付出过一定是有收获的。只不过，不同的人对回报和收获会有不同的定义。仔细回想，这段奋力前行的路程中，你没有任何收获吗？或许是英语作文从只能写70个词到能写80个词的进步，也可能是从看不懂数学最后一道大题的题目到能够解出第一小题的跨越……别气馁，正如你不希望老师武断给你下定论一般，别因为一次考试失败，就全盘否定你一年的辛苦奋斗！

  不可否认，天赋是真实存在的。但更绝对的是，努力了，才能将天赋发挥出来。我挺喜欢这句话：只有背地里十分努力，才能看上去毫不费力。我不太相信那些云淡风轻把得来全不费功夫写在脸上的"学林高手"，哪有那么多超凡脱俗的天才呢。在"江湖"上"混"，谁不是尝过苦、受过累、挨过"刀"呢。何况我们面对的是无涯学海啊，恐怕九九八十一式的秘籍都不够应对呢，尽心修炼才能提升修为境界啊。

  每个人多多少少都会有自己引以为傲的天赋吧。有些人的天赋在于绘画，明明是同一支画笔，他们却能当成2600万像素的摄像头在用；有些人的天赋在于交朋友，只是一起在站牌下等个公交车，萍水相逢的两个人分分钟能聊成相见恨晚……你肯定也有自己所擅长的吧，就算不是在学习方面。

  我还有点羡慕你呢，你很外向，应该是个爽朗不拘的人吧。刚上初一时，内向的我不好意思主动去交新朋友，过得实在是太压抑了。课间读书时，后两桌的同学偶尔会说说笑笑，我会好奇地回头看，羡慕那么融洽的氛围。我很幸运，后两桌中那个特别有朋友缘的短发女生第二学期成了我的同桌。大概是班主任觉得我很安静，安排我去"中和"一下那块热闹的气氛吧。那个外向的短发女生——我的同桌，活得就像一个小太阳，仗义、包容、乐于助人，照亮了我的初中生活。

  既然都说到这了，容我再啰唆地回忆两句吧。后来和同桌相熟后，她告诉我以前觉得我很斤斤计较，得知要和我坐到一起时超级不情愿。原因竟然是他们课间读书时说笑，我经常回头看，她觉得我是嫌他们吵，在眼神警告他们呢。哈哈，看来我真的很不善于表达我的好感啊，好在有个小学就同班的男生听她在调座位前抱怨时帮我澄清了，说我不是这样的人，她应该是多想了。

  这么说起来，我的这位同桌当时可不就是凭着主观意识来给我贴了个"斤斤计较"的标签嘛。她只凭借我回头看过去的几个眼神就做出主观判断了，而且是在不了解我真实想法的情况下。幸好有了解我的人帮我澄清，避免了刚开始做同桌时可能会有的"冷战"，更幸运的是后来的朝夕相处让我们充分熟悉彼此，成了无话不谈的好闺蜜。

  这位大侠，我觉得吧，你是一个怎样的人，自己有着客观评价是最重要的，不必过于在意"过客"的主观臆断，相信你的身边人会准确地了解真实的你。我们大家在这个"江湖"中相遇，对彼此难免会有不那么正确的第一印象。美国心理学家洛钦斯提出了首因效应，也叫优先效应或第一印象效应，指交往双方形成的第一次印象对今后交往关系的影响，也就是先入为主带来的效果。虽然这些第一印象并非总是正确的，但却是最鲜明、最牢固的。其实早在几千年前，我们的孔圣人就提出："吾始于人也，听其言而信其行；吾今于人也，听其言而观其行。"这种第一印象评价并不是无法改变、难以改变的，而是会在进一步交往认识中不断被修正完善。

　　不过要和你说一声对不起，我是否仅凭你的寥寥数语就给你定了个"外向、爽朗不拘"的第一印象了呢？我也还是免不了俗啊，但我真的很喜欢与这样性格的人相处，偶尔的"没心没肺"令人感觉很亮堂，有一说一，大大方方的。不知你的老师是否也有类似的想法呢？觉得你很外向、内心敞亮，所以就非常直接地指出了你的问题，甚至多次反复说起来提醒你，而不是因为要照顾到"易碎的玻璃心"七弯八拐地婉转表达。相信你在老师的心目中，正是这样一个能够坦然接受并改正自己的错误、经得起"敲打"、能够畅快交流的学生。这样心大、坚强的人往往更经得起风浪，能够走得更远，拥抱更精彩的未来。

　　背锅侠，我能感受到你的奋进、向上，这种饱满的状态配上持之以恒的决心，你会离你向往的星空越来越近。即使身上有所负重，别垂头丧气，可能那是来自星空的碎片，来引你一同探索未知，相信你的点滴所得都能够助力你策马扬鞭阔步前行。

彬亚

## 15 老师漠视我，怎么办？

**昵称：理发师辉发那拉·娴　　年龄：14　　星座：天蝎座**

从初一第一次单元考试我没考好开始，班主任就对我"另眼相看"了。班干部选拔的时候，也没选我。我有点没面子，在小学，我是班长呢。我很失望，觉得她在笑容里藏着"蔑视"。我在周记里写了自己喜欢科幻类的书籍，以后要当科幻作家，并附上自己的一篇文章。没想到老师的批注是这样的："你应该先读好书，这些不切实际。"她甚至连我辛辛苦苦写出来的文章都没看一遍，就泼了我一瓢冷水。

快期末的时候，在教室门口，她忽然对我说："凭你这样的人，也想当作家？"我当时就想喊出来："我这样的人，我是怎么样的人？你作为一个老师，怎么能这么说我？"我真的是伤透了心。期末考试，我的英语成绩全班第二。她又说让我好好读，英语有特长，以后读英语专业。然而我就想和她对着干，她让我读好英语，我偏偏就不读。从此，英语课再也不认真听讲了。她后来请了产假，同学们都去看她，我没有去，我无法原谅她。做老师的，怎么就这样漠视我的感受呢？

**理发师辉发那拉·娴：**

不知是否唐突，但理发师你好！

我也和你一样喜欢科幻类书籍，我也想成为像韩松、刘慈欣这样的科幻作家！不知你会不会因为"生活所迫"而成为理发师，但我已经因"生活所迫"而成为教师。因为我知道，做梦简单，圆梦难。我还知道，韩松就读于武汉大学英文系、新闻系，毕业后既当记者又当作家。我还知道，刘慈欣就读于华北水利水电学院（现华北水利水电大学）水电工程系，毕业后既当工程师又当作家。我还知道，刘慈欣写过一本《乡村教师》，不知道你有没有看过？我觉得，《乡村教师》太绝了！将教师拔高到宇宙，拔高到两代生命体之间传递知识的个体。正因为他对教师的礼赞，我信步走向讲台⋯⋯

抱歉，都怪我饶舌了，因为人生难得一知己。正因为知音难觅，我才会一上来就用如火的热情对你喋喋不休。正因为知己难寻，你才会将你的梦想写入周记，希望你的老师认同你。好在，我没听到你或是拒绝的回复。但可惜，你托付的真心已被老师"泼了冷水"。不过谢谢你，愿意将你的困惑分享给我。

为什么她要泼你冷水？可能她也知道韩松、刘慈欣的故事；可能她也知道他们对职业与爱好的兼顾。更重要的是，可能她深谙这个道理：作家，也要为五斗米折腰。对她而言，作为一名教师，她能告诉你的就是那最质朴的几个字：先读好书。只不过，她用不太恰当但有效的方式挠了一下你细腻的心。

或许，在你看来，她就是故意地奚落你，根本没有上面那些美好的想法。那我们就得考虑：作家确实难当，想得到认同太难了啊！曹雪芹一把辛酸泪写就的《红楼梦》在当时不也是本禁书？J.K.罗琳消化了多少咖啡豆才写出的《哈利·波特与魔法石》在那时不也被退稿？生前无人问津，身后声名鹊起的作家比比皆是；还有更惨的，到现在乃至将来都没写出什么动静的作家数不胜数。那你觉得，他们放弃了吗？就因为你或是拒绝的回复，我就放弃了吗？就因为老师的不经意更有可能是无心的打击，你就愿意放弃吗？

正如刘慈欣在《乡村教师》里写的："他们将活下去，为了在这块古老贫瘠的土地上，收获虽然微薄，但确实存在的希望。"我选择相信，相信你的老师并不是真正意味上的泼冷水，相信你的老师是因为发现你的闪光点才会鼓励你去读英语专业，相信你也能走韩松曾经走过的路！

好，亲爱的娴。我们不妨回到一开始，细品"惑"的起点：班主任对你的"另眼相看"，是"蔑视""冷落"，是没选你当班干部。前面抽象的几个词是你自己主观臆测呢，还是班主任真的一开始就是这样想的？那我们再看没选你当班干部这件具体的事上。

一般而言，为了便于管理，班主任在接手新的班级时会先任命几个得力助手，一段试用期后再由班级同学民主选举产生班干部。可能你一开始错过了发光发亮的机会，让班主任错过了你这么个人才。或许你是班干部选举中的最大遗珠，但又或许在这个刚组建起的班级里，人才济济，不止你一个人小学当过班长。如果你是班主任，面对40余名散发着独特而又光芒耀眼的孩子，你该如何抉择？在怨怼班主任的同时，你有没有考量过身边的同学们呢？

我们既要知道"人外有人"的道理，也应明白"是金子总会发光"的道理。接下来你有做任何事情去让自己blingbling吗？如果你真的想成为班干部，大可从一开始就不抱成见地与班主任谈，然后为班级建设真心实意地干，久而久之，那些你渴求的，都会来的。

这么一说，好像，你的班主任也没有"坏"得那么棱角分明，我看到的是个关心学生但不善言辞，既为人师又为人母的老师。可能，在班主任眼中你一开始也不是一个被"蔑视"的学生，后来的种种让偏见越来越深了吧！

她是个有责任心有担当的老师，你又是个有才情有胆识的孩子，只不过你们都错过了彼此美好的身影吧！正所谓关心则乱，班主任对你的"恶语相向"是心急，你对班主任的"针锋相对"是心切。你们两个都是在关心彼此，想让对方看到彼此美好的存在，不是吗？

我们不妨再想一想：她真的那么讨厌吗？她应该也有可爱的时候吧？回首过往，她被嫌弃着也应该被喜爱着。试着去回忆她和你的那些点滴：你们第一次遇见，第一次交谈，第一次相视而笑，她第一次喊你的名字，你第一次对她说"老师好"……在记忆的尽头，原来，她也是你奇妙人生中的一部分，是值得被回忆、被珍藏的存在呢！可能，原谅更是你想要的吧！

可是，一次跟着集体去见她的机会与你擦肩而过了呢！还是，你更愿意单独去见她，去和她重新认识彼此？解铃还须系铃人，去找她，把一切都说开，纵使你们之间一团乱麻也能解开的！

再次感谢你愿意分享你的困惑。博览群书的你绝对有着大眼界大格局，想必心中早就有答案了。也祝愿你在不久的将来，从理发师成为发型总监，从小作家成为大文豪！也希望在未来的某一天，与你再次遇见，是在你的书里，你的签售会上！我预言，你的班主任会来现场为你打 call 哦！

Hola

## 16 如何拥有选择穿"阴阳鞋"的自由?

昵称：好嗨哟　　　年龄：13　　　星座：狮子座

我是一个阳光的男生，我酷爱篮球。就像有些女生喜欢收藏发夹、洋娃娃一样，我很喜欢收藏鞋子。我会买很多漂亮的鞋子，并且爱护它们。有一次，我买了一双时下流行的"阴阳鞋"，一只是亮绿色的，一只是橙红色的，我迫不及待地穿去学校，想在同学面前"亮一亮"，我也觉得自己可特别、可吸引眼球了，心情超级好！可是，班主任却因此严厉地批评了我，还勒令我当时就叫父母送鞋子来换，说我不符合常规，穿得"怪里怪气"。我非常气愤，也非常不解，我穿一双好看的鞋子，又没影响谁读书了，为什么就不行呢？做个初中生，选择自己爱好的自由也没有了，又谈何快乐学习呢？

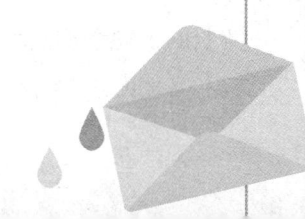

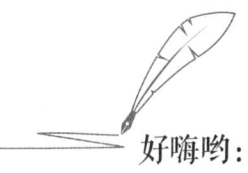

**好嗨哟：**

"好嗨哟，感觉人生已经到达了巅峰"，一看到你的昵称，我不自觉地哼出了这句网络流行语，让你见笑了。你好，很高兴认识你。不得不说从你的昵称我就感到了满满的热情，想必你一定是个充满活力、满身少年气的酷男孩吧！果然你热爱篮球，我可以想象到球场上你挥洒汗水过关斩将，手起足落间的完美弧线。真羡慕你，有着这么一份热爱。

你喜欢篮球，你也喜欢买漂亮的鞋子。你困惑于老师的不接受，首先我想说的是，你并没有错。爱美之心人皆有之，男生当然也不例外。试问谁不想光鲜亮丽于人前？我也与你一样，喜欢漂亮的衣服、好看的鞋子，我觉得这些并不是为了穿给谁看，而是在穿上它们时我自己内心会感到快乐。所以我理解你喜欢收藏鞋子并爱护它们的举动，能体会到你穿上"阴阳鞋"后兴奋的心情，更明白当这份喜悦被剥夺后你的气愤。

那么现在让我们谈谈你困惑中的主角：班主任。你说班主任严厉地批评了你，让父母拿鞋来给你换。你觉得班主任在对你穿这双鞋子的做法上过于反对和强硬，并没有设身处地地理解你的感受，直接批评与斥责令你不解和气愤，通知家长换鞋更让你觉得粗暴和委屈。好嗨哟同学，我想说的是每个人都有独特的审美，或许是老师的观念有所局限，将你眼中"阴阳鞋"的美称为"怪里怪气"。你知道吗？老师也是在与学生的接触中不断汲取新的东西、新的观点，不断成长的。都说教学相长，老师又何尝不是在努力跟上你们的潮流呢？只不过处在"十"字开头的年纪，你接受新事物的能力比老师要快得多。那么，是否可以给老师更多的时间，在他不擅长的领域等等这个"后进生"呢？

也许，老师内心其实也是可以接受的，看到这里你可能要问那么为什么老师会这么做呢？让我们仔细想想学校这个特殊的环境。就拿校服举个例子吧，很多学生不解为什么作为初中生要穿校服。第一，校服是一种身份的象征，代表的是学生的身份；第二，校服是一个学校文化氛围的象征，是一个学校特有的符号，也是青春校园里少年们的一种符号；第三，集体穿校服可以提升学生良好的精神面貌，培养团队意识。那么鞋子是不是也和校服有相同之处呢？我们知道在学校，每个人都是集体中的一部分，很多时候我们做的事情虽是个人行为，但却影响着整个班级甚至整个校园。亲爱的好嗨呦同学，当你穿上这样一双鞋，可能会有别的同学向你投来羡慕的眼光，但并不是每位同学都能像你一样幸运地穿上它：可能因为父母的不理解，也可能因为经济的不允许。当这样一双特别的鞋出现在校园，我想必然会引起同学们的热议，这样是不是也给平静的校园带来了一丝不便？老师希望你换掉鞋子，是不是因为他考虑到了这些？只不过不太恰当的方式使你们之间产生了误解。我想，试着去和老师沟通，说出你的想法，也听听老师的良苦用心，可能会有另一番收获。

另外，你说不能穿自己喜爱的鞋子，失去了选择自己爱好的自由，难以快乐学习。其实仔细想想，真的是因此便失去了自由，失去了快乐吗？我想，你内心早已明白你的自由与快乐并不建立在一双鞋子上，不论它有多么华丽。光鲜的外表带来的愉悦远比不上内心的向往，真正的喜欢源于内心的归属。你灿烂阳光，一定乐于助人，善于交际；你酷爱篮球，一定热衷球场，技冠群豪。你的快乐不仅仅是来自新鞋子，当你与朋友欢笑耳语走过教室廊道，携手奔跑经过绿茵红胶时；当你汗水热血抛洒在训练场上，起跳扣篮赢得全场欢呼时，不亦乐乎，不亦乐乎？拥有着挚友与篮球的你，何尝不在享受着自由选择爱好的权利。

好嗨呦，正如你的名字，你乐观阳光，想用自己的方式，创造一个"好嗨呦"的人生。你有着探索美的勇气，有自己独特的眼光和想法，相信你以后也会更善解人意、用更广阔的胸怀来考虑遇到的人和事。在这个以梦为马的年岁里,也许你更需要一双梦想的鞋子来助你远航,做好当下该做的事,给未来的自己更多选择爱好的机会,那么人生又怎会不嗨呢!谢谢你的信赖,与我分享你的困惑,愿今后你能昂首挺胸地唱出一句"好嗨哟,我的人生已经到达了巅峰"!

怡 + 欣

## 17　男老师搭女学生肩，我该怎么做？

昵称：扎心小棉袄　　　　年龄：13　　　　星座：双鱼座

　　我是初一女生，我的困惑有些不太好说，总觉得既存在，又不存在。可能是我想多了，我总觉得我们的数学老师像个"怪叔叔"。他工作认真负责，同学和家长都说他是个好老师，我们班的数学成绩也挺好的。他常常找同学谈话，就在教室外面的走廊上。有好几次，他跟我谈话的时候，把手搭在我的肩膀上，靠得很近。从小，妈妈就跟我讲，不能允许异性接触自己的身体。我不知道，老师这样跟我讲话，算不算是异性的身体接触。老师讲的话，都是关心我的学习，没有什么不好的。我不敢跟爸爸妈妈讲，怕他们误会老师，可是我心里就是很迷惑，男老师把手搭在女学生的肩膀上，是允许的吗？

## 扎心小棉袄：

可爱的小棉袄，请允许我忽视"扎心"这个个性的前缀。因为我主观觉得你肯定是件暖心的小棉袄哈！

你和爸爸妈妈的关系应该很亲近吧，看得出来你们互相尊重、彼此关心。妈妈的启蒙教育做得很好，你的表现也很值得表扬，女孩子应该学会保护自己，与异性避免不必要的亲密接触，保持恰当的交往距离。不过，怎样才算是亲密接触？怎样的交往距离是合适的呢？

一般来说，在与异性的交往接触中，肩膀和手臂外侧都是表达亲近的安全区。除去救援、诊疗等必要情况，腰部、臀部、胸部、大腿部位的亲密接触可定为骚扰性质。除去握手等礼仪要求，牵手、拥抱也应慎重。

在我看来，老师在教室外面的走廊上，找学生单独谈论学习问题时，将手搭在学生的肩膀上，这个行为本身在正常可接受的范围内。我也经常找学生到教室外的走廊上单独谈话，因为每个学生要注意的点并不相同，也怕在教室内当众指出问题会令学生难堪，而到办公室谈话又太远不方便。至于靠得很近，估计是怕谈话内容会被那些坐在窗边把耳朵竖起来"听墙脚"的学生偷听到，并且开玩笑地宣扬到班里吧。哈哈，别问我怎么后脑勺也长了眼睛，下次谈话时你不经意间回头看看就知道了。

我是一个年轻女老师，刚从学生的身份转换为老师不久，可能因为年龄相差不大，我觉得和学生没有任何距离感。我喜欢在表达鼓励时用力地拍拍学生的肩膀或者大臂上侧，不分男生女生。到需要语重心长时，我会握住学生的肩膀外侧，直视眼神来表达我的良苦用心。我觉得像这样的肢体接触可以产生一种亲近的心理感觉，将我的能量和鼓励更有效地传递到学生身上。但是我会注意分寸和恰当距离。不论男生女生，我都不会将身体贴得特别近以至于没有任何距离，不会把手绕过学生的脖颈放到另一侧的肩上，不会捏脸摸头，更不会握起拳头捶男孩子的肩膀或者胸部，毕竟我要保留住一丝丝威严哈。当然，也是会有些老师和学生打成一片，会做我上一句提到的这些行为，尤其是同性师生之间。

所以，交往距离是否安全，我们大家确实有一个差不多的标准，比如亲密距离是15厘米左右。但是感觉是因人而异的，交往距离是否合适，要看你在这个距离时是否能够感到舒适安全。

亲爱的扎心小棉袄（为了显示我的严肃，所以在这里要称呼你的全名了哈），我很能理解你的困惑。据我作为一个女生的经验来说，你是否觉得这位男老师把手搭在你的肩膀上，于情于理好像都是一件很正常的事情，完全说得通？但是心里却总是有些不舒服吧。

虽然数学老师已经是"叔叔"的年纪，看你们可能就像看待自己家里的孩子或者晚辈。但他靠得很近和搭肩的举动使他得了个"怪"的前缀。小棉袄，回到你的困惑本身，数学老师这样和你说话，算不算异性的身体接触？算的。但这种身体接触合理吗？要看具体情况了，比如我刚才提到的把手绕过脖颈搭在另一侧肩上或者有意捏你的肩膀等举动就是不合理的。如果只是轻轻搭在一侧肩上表示亲近，我想是合理的。不过就算是合理的身体接触，但仍然令你感到不舒服，是允许的吗？我认为，亲爱的小棉袄，你是可以拒绝的。

但是怎么拒绝令你感到不舒服却合理的接触呢？尤其是面对一位工作认真负责而受到好评的老师，这确实是另一个苦恼的问题哈。如果你掌握了如何拒绝的话，应该就不会困扰这么久了吧。我有几个小建议，你可以参考一下啊。如果出现这样的接触行为，你心中是介意的，可以悄悄侧身躲开。比如假装笔掉到地上，蹲下捡起来的同时稍微移开些距离；侧身后退一些，躲开搭肩动作的同时正面直视老师，谦虚探讨学习问题；在走出教室单独谈话时带上数学习题本问问题；或者直接在站定时保持舒适的安全距离。其实直接用肢体动作或语言表示不接受，也没有任何问题。不过我相信你有躲开的暗示出现时，数学老师应该就会接收到你的讯号了。

当然，如果你的暗示没有起到作用，数学老师反而进一步有亲昵举动的话，及时与父母沟通交流，排除疑惑。

好了，亲爱的小棉袄，感谢你与我分享困惑，让我想起了那些年被叫到教室外走廊上单独谈话的青葱岁月。祝愿你的数学成绩更上一层楼，期待你与我分享青春旅程中那些美好动人的故事。最后，请允许我再叫你一声暖心小棉袄哈，可不能生气哦。

彬亚

## 18 三个人的友情该如何维持？

昵称：Darling　　　年龄：13　　　星座：狮子座

我和小 A、小 B 原本是很好的朋友，不管做什么都在一起。但是最近，我们三个人的关系出现了裂痕。一次是因为在班级春游中，我和小 B 刚好排在一起，小 A 觉得自己被孤立了，跑过来向我们哭诉，说我们"抛弃"了她；另一次是我与小 B 约好去看电影，没有告诉她，她打电话给我们，哭得很伤心。

这两次之后，我和小 B 都很照顾小 A 的感受，不管做什么都叫上她。本以为这样做就可以消除她心中的孤独感，可是她却说我们是故意而为之，依旧对我们有种种不满。三个人的友情为什么这么累？我想知道，三个人的友情该如何维持？

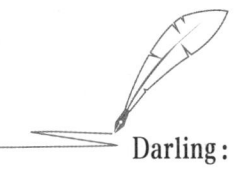

**Darling：**

你好！当我们勇于坦诚内心，就足以说明这段友情的分量于你而言相当重。从你的困惑中看出，你是个重感情的人，原本三角形是最稳固的，但当我们身处三个支点，轻重有所不同时，就会变得相当脆弱。所以你的小心翼翼不仅没有维持平衡反而打破了这种平衡，这让你苦恼不已。

实不相瞒，曾经的我也遇到过和你一样的困扰，经历过这样的"黑暗"时期。记忆遥远而深刻，记得那也是青涩的学生时代，我们总是一起吃饭，一起逛操场，一起……原来我们在不同的时空经历着同样的友情。

从你的表述中可以感觉出小A是一位比较敏感的人，同时内心又缺乏安全感和自信，你们都很在意她的感受，所以什么事情都会先照顾她，这也说明你是个很细腻的人，正是你的细腻才会照顾小A的想法，做什么事都叫上她，反而让她觉得很刻意，那么，你就要用你机灵的脑袋想想，你们到底想要的是什么？是一份长久的友情，还是仅仅腻在一起的玩伴？

纪伯伦在《先知》"友谊"一节中写道：让友谊除了深化灵魂需求外，不含其他目的，在琐事的露珠里，心灵找到晨曦，请把你最好的，奉献给朋友。真正的朋友，不是窥探内心和刻意迎合，而是三观契合，舒坦惬意。

（1）每一个人都是独立的个体的存在，所以请你保持自我，友情之所以难能可贵不就在于每个个体有着鲜明的特点，并由于特点的吸引才走到了一起的吗？你不是攀援的凌霄花，而是挺立的木棉，所以不需要刻意去讨好迎合，以免敏感的心灵再次产生误会，造成适得其反的后果。

（2）只要你真诚体贴，相信小A总会感受到，朋友之间贵在以心换心，相信日久见人心，真朋友不会因一点小事就不欢而散。在这段友情中，三个人都应该换位思考，这样才能避免摩擦，如果只有你一个人为他人着想，那么你会很累,而这就是矛盾所在。小A的两次落单让你对这份友情变得尤其小心,你觉得你们已经处处为小A考虑,而她还是感到不舒服,你的无力让这段友情开始动摇,所以这毕竟不是长久之计。在这样的情况下,如果你要维系,在知道对方不高兴的点后,那就尽量避开二人行,努力三人行。

(3)坦诚是友情的基本前提,那么可以在一个适当的午后,三个人约个下午茶,推心置腹谈一谈,敞开心房,把内心真实的想法都讲出来,各自希望的相处模式也讲出来,然后找出一个比较好的折中的相处模式。如果,我说如果,不欢而散,那么请你冷静下来,好好思考,小A和小B是否对你同样重要,你的内心中是否偏向一方,因为很多外在的因素会推着我们,不得不对现实进行思考。友情,最根本的原则就是要两相情愿。如果可以,就真诚地对待别人,也对待自己;如果不行,费力不讨好的事情坚持下去毫无意义。

林语堂有篇文章《后台朋友》,我读后很有感触:"后台的朋友,是心灵的休息地,在他面前,不必化妆,不必穿戏服,不必做事情,不必端架子。可以说真话,可以说泄气话,可以说没出息的话,可以让他知道你很脆弱、很懦弱、很害怕,每次要走入前台时都很紧张、很厌恶。因为你确知后台朋友只会安慰你,不会耻笑你,不会奚落你。"

真正的朋友,是不需要"刻意"做任何事情来彰显自己对另一方的好,彼此公平安静地相处着,在你开心快乐时陪你肆意开怀大笑;在你疲惫时,让你可以卸下一切苦恼一身轻松。随着时间的推移,你会发现,最好的友情状态,应该是:静水深流,深潭无波。

愿你收获一份无须让你烦恼的友情!

不会武功的猪猪侠

## 19 如何挽回曾经最好的朋友？

昵称：模拟家庭　　年龄：14　　星座：双子座

她是我初中交到的第一个朋友，我俩有啥事都给对方说，然后一起想办法解决。渐渐地，我们成了无话不谈的好朋友。但是最近，我和她的关系有点变了，她好像有了新的朋友，有的事情她不再只与我一人倾诉。这让我觉得很失落，我把她当成唯一的最好的朋友，但是她却不止我一个好朋友。因此，我的心里就像有根刺。当她和我倾诉某些事情的时候，我会在想同样的话她是不是也跟别的朋友说过。有时候，我们还会因为一些小事情闹矛盾，然后冷战。我害怕我们的友情会在一次次矛盾中消散，却又控制不住我自己。我很无奈，我究竟应该怎么办？

**亲爱的小庭：**

你好！我叫如意，不瞒你说，我在学生时代也有过类似的困扰。

可以听一下我的故事吗？我有一个无话不谈的好朋友，开心的、不开心的事情我们都一起分享。但是有一次我发现她把烦心事告诉了另外一个同学。看着她俩有说有笑的，这种滋味，真是不好受。明知道我无权霸占一个朋友，但是偏偏内心就是酸酸的不是滋味，也因此，我们的关系陷入了类似的窘境。是不是和你的经历挺相似？所以，我非常理解你现在内心的失落与不安。但其实，慢慢的，我发现这种感觉是很正常的，正是因为我们都很珍惜自己的好朋友，也很珍惜这段友情，所以害怕和朋友疏远，怕失去这段友谊。越是害怕，越是在意一些细节，心里好像越紧张。

不如，我们把这种感觉放一放，先来谈谈朋友是什么吧？有位哲人说："朋友间必须是患难相济，那才能说得上是真正的友谊。你有伤心事，他也哭泣；你睡不着，他也难安睡。不管你遇上任何困难，他都心甘情愿和你分担。"诚然，朋友之间一定是互相倾诉、互相陪伴的。让我们来仔细回忆一下，你和你的好朋友是不是一直如此呢？她愿意将烦心事告诉你，你也愿意倾听。当你遇到烦恼时，她是不是也陪伴着你？你说她是你初中交到的第一个朋友，你俩有啥事都给对方说，然后一起想办法解决。从你的言语中，我可以感受到你们始终彼此陪伴，彼此帮助。从初一到现在，你们依然可以向对方倾诉心事，所以你要相信你们俩之间的友情是坚固的，你们依然是彼此的好朋友。在我这外人眼里，你们的亲密程度可不亚于我和我的好朋友呢！你要相信你的朋友也很在乎你，也很重视这段友情。

我们再来思考一下，两个好朋友之间发生矛盾正常的吗？发生矛盾后我们需要做的是什么呢？是担心矛盾会让友情消散还是想办法解决矛盾呢？聪明的你当然知道，朋友之间有矛盾有摩擦是一件非常正常的事情。有了矛盾，我们要做的是解决已经存在的矛盾，而不是过分担心还没有发生的事情。那怎么解决呢？或许你可以试着和朋友好好沟通一下，告诉她你的感受。你俩一定能想到很多解决矛盾的好办法，但是，冷战可不是一个好办法哦。

接下来，让我们来谈谈好朋友有了新朋友的问题吧！这似乎让你感到不安、失落。在生活中，我们很容易做出违背自己初衷的事情来。就比如，明明是想要呵护这段珍贵的友情，但是不知怎么回事，越是小心翼翼，越是容易出错。有时候一件很正常的小事情往往会被我们放大，想来想去，越想越乱。冷静下来，想一想，为什么会有这种感觉呢？怕新朋友会"抢"走你的朋友？害怕友谊因此消散？归根到底，这种感觉的产生源于你不想失去这段友谊。其实，这是一种正常的情绪，这恰恰说明你真的很珍视你们这段感情呢！所以，不要急着压抑自己或者否定自己，更不要觉得自己占有欲太强而羞愧。我们应该正视这种情绪。真正的友谊没有这么脆弱，很多朋友即使分隔两地、多年未见，再见时依然一如往昔，亲密无间。友谊的维持依靠的不是时时刻刻都腻在一起，更不是独占。友谊的维持需要我们及时且经常地告诉对方：虽然生活中会出现各种各样的人和事，但你始终是独特的、无可替代的。你，告诉她了吗？

对了，我的故事还没有讲完呢！不知你是否还愿意听我继续讲我的友情小故事。那时的我呀，找了个机会和好朋友好好地聊了聊，告诉她我心里这酸酸的滋味，以及我真的很在乎她，在乎我们之间的友谊。你猜结果是什么？我的朋友给了我一个大大的拥抱，她说："你要相信，你是我最重要的朋友！"那一刻，我如释重负。我也更坚定了我们之间的友谊。在后来的岁月中，我也拥有了新的朋友，但是她在我心中始终是独一无二的。直至今日，我和她还是无话不谈的好友。

抱歉，我似乎说得停不下来了。因为看到你的困惑我就好像看到了以前的自己，忍不住有好多话想和你说。不知道我的经验有没有让你安心一点呢？其实，友谊的力量是很强大的，只要我们愿意去面对矛盾、解决矛盾，友谊是不会轻易消散的。

既然你们无话不谈，那就和你的朋友好好聊一聊吧，试着把你内心的想法告诉你的朋友吧，相信友谊的力量！我相信结果不会让你失望的！

如意

## 20 如何摆脱同学的冷嘲热讽？

昵称：少年的你如此美丽　　年龄：15　　星座：白羊座

　　我的成绩还行，脾气也好，可是在班级里，我总觉得自己有些卑微，常被人欺负。我不知道这种感觉究竟是从何时开始，也许是我掰手腕掉链子的时候，也许是我最后一个到达1000米终点的时候。我总是以逃避的方式来面对班级中各种各样的挑战，任由班里的同学给我贴上了"怂""没用"的标签。久而久之，他们似乎认为我就是这样干啥啥不行，当我还没开始做的时候，就开始冷嘲热讽，打击我的自信心。上课，老师一问这个问题谁来回答呢，他们总大声起哄，喊我的名字。虽然还算不上"校园欺凌"，但处处被排挤、被挤兑、被嘲笑的感觉很难受。我很介意他们的言辞，却不敢说什么，我怕我一说出来，就会被他们彻底孤立，再也交不到一个朋友。我想重新开始，去尝试我想做的事情，改变我在他们心中的形象，可我应该怎么迈出第一步呢？

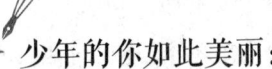

**少年的你如此美丽：**

你好！从你的叙述中可以看到，目前你为自己承受着同学们的排挤和嘲笑而深感困扰，同时你也想寻求改变却又不知从何处下手。下面我们就一起来分析一下你的问题，并且探讨该如何做吧。

我能看到，对于现状，你已进行过思考和分析：到底为什么自己会变得这么容易被人欺负？也许是"掰手腕掉链子的时候"，也许是"最后一个到达1000米终点的时候"，这些都是你觉得别人会认为你"没用"的时候。

也许你会说，我总是失败，我真是个没用的人，我觉得自己一无是处！其实，这种想法在我们周边广泛存在，大多数人都推崇成功，以失败为耻。当我们细看这一想法，便会发现它并非完全正确，而它之所以会影响我们的思维是因为它以"自动化"的形式存在。一旦被我们所捕捉并加以检验，就会发现这一论点并不能站住脚。殊不知，任何的成功都是建立在无数失败的基础上。可以尝试问一下自己：我一直都是失败的吗？我有没有成功的经验？失败了，就一定代表我就是一个没用的人吗？如果不是，那说明了什么？

通过这些问题的思考，我们就会发现"我失败了，我真是个没用的人"这一想法并不合理。打破这个观念之后，你的想法会有更多的可能性，思维也会变得更加灵活。你可以回忆以前成功的经验，当时发生了什么，你是怎么做的，体会到什么样的感觉，越具体越好。也许通过那些成功经验的回忆，能够激发起你较为积极的身心体验，让你更有信心也更有力量去面对未来的挑战。

然后再想一下"我能迈出的第一小步"是什么，这一步是你自己之前想做却又犹豫着的事，前提是在自己能力范围内，通过努力可以做到的。

想象自己什么时候做,具体怎么做,完成后的成功感。最后就大胆地去实践吧,此时最好是有人帮忙督促,这样完成效果会更好哦。

关于"失败",我们除了对自己要有全面的认知之外,还要对他人的眼光进行合理解读。你觉得别人都看不起自己,感到自卑,认为自己什么事都做不好,逐渐丧失自信。所以,你"总是以逃避的方式来面对班级中各种各样的挑战",即使经过努力你可能会把这些事做得很好,但你为了避免承受失败带来的后果,通通选择逃避。

与此同时,你也确实看到了班级同学对你的种种冷嘲热讽,给你贴上"怂""没用"的标签,甚至上课老师提问时他们也将你拉出来挤兑一番。同学们的所作所为,似乎正好印证了你的想法。那么不妨让我们换位思考一下,假如你的一位同学失败了,你会看不起他吗?你会说不会。如果,我是说如果,你有看不起某一个同学,那么又可能是因为什么原因呢?会不会是因为连他自己都看不起自己?

现在回头来看,也许,并不是"掰手腕掉链子"让同学看不起,而是没有使劲就承认失败;也许,并不是"最后一个到达1000米终点"让同学嘲笑,而是没有坚持到最后便宣告放弃。真正让人看不起的不是最终的结果,而是一个人在过程中所表现出来的意志。如果拼尽全力结果却不尽如人意,那么我相信,他人依旧会为你的拼搏而鼓掌。所以,试着尽力而为,看淡结果,当你看得起自己的时候,你的同学们也会看得起你。

理顺了内在自我和外在他人之后,让我们继续探讨一下接下来如何应对吧。你说你脾气好,尽管内心非常介意同学们的言辞,但又害怕自己被彻底孤立,却什么也不敢说,什么也不敢做。所以,似乎在这里,你一直是一个受害者,却又无力做反抗。"忍一时风平浪静,退一步海阔天空",这也是我们的文化教予我们的为人处世之道,只是它忘了告诉我们前提条件是什么。《论语》有言:"是可忍,孰不可忍。"意思是不能一味去忍受,必要时就要反抗。你很害怕自己的反抗会招致同学们的孤立，但是你的忍让并不能给你带来真正的友谊，反而更让他们觉得你软弱可欺。所以，一方面你需要让自己不断强大，另一方面你也需要通过言行告诉他人你的立场，亮出你的底线。这既是对自己的保护，也是与他人平等交往的保障。

　　脾气好是你为人和善的表现，并不代表你的尊严可以被随意践踏。当你可以坚定捍卫自己的尊严时，我相信他人自然也会尊重你。现在，请你闭上眼睛，深呼吸，想象一下日常的教室场景，你也和往常一样坐在自己的位置……然后，请再努力着尝试想象——这时，如果同学们又在老师提问时拿你起哄，你会怎么做呢？假如刚好这道题你会答，你是勇敢地站出来还是缩着脑袋坐在座位上？

　　我相信你会有自己想要的答案！毕竟，正如你的昵称，少年的你如此美丽！

你的大朋友：钟姗姗

## 21 好友让我安静点,我该怎么办?

**昵称:眼镜厂头头　　年龄:13　　星座:金牛座**

我是一个课上认真学习、课下爱玩爱闹的女生,就像父母教导的那样,该学习的时候学习,该玩的时候玩。也因此,我的成绩稳居班级前五。小张是一个学习刻苦,但成绩却不如人意的姑娘,她不爱说话,却经常来问我问题。起初我有点惊讶,但还是很开心地解答了她的问题,渐渐的,我们关系越来越好,她也融入了我的朋友圈子中。

有一天,小张突然递给我一张纸条,写着"拜托安静点,我想要读书",她竟然在指责我的玩闹影响了她的学习,可这是在课间呀,玩玩闹闹才是对的呀。我很生气,也很委屈,我平时帮助了她那么多,她为什么要这么说?这真是恩将仇报啊,我没有去找她理论,但从那时起,我不再把她当朋友了。我不求回报,但总不能这么伤人吧?

**可爱的眼镜厂头头：**

看见你的名字和你的叙述，我的脑海中浮现了一个戴着眼镜、笑容灿烂的女孩子。我想你一定是一个阳光积极、善良热心的姑娘吧！在父母的悉心教导下，带着满满的爱意和温暖逐渐成长为一位亭亭玉立的姑娘，不知道生活中的你是否和我想象中的你一样呢？原谅我冒昧对你的样子进行了猜想，读完你的来信，这样的一个形象就跃然出现在我的脑海中了。

我一直认为，每一个温暖的人都能给身边的人带来关怀和希望。我想一开始也许就是你身上的乐观开朗与温暖吸引了小张，让不爱说话的她常常跑来问你问题。你能开心且毫无保留地解答她的问题，能逐渐和她成为好朋友，能带着不爱说话的她逐渐地融入你的朋友圈，足以见得你是用一颗赤诚的心对待这段友谊的。我想这也是在你收到那张纸条之后如此生气的原因吧！

确实，当我们全心全意对待一个人却受到对方的指责时，每个人都会生气，也许还会有一些委屈。你说的没错，课间是我们休息的时候，这个时间段里我们可以自由地放松。也许你和其他同学聊天聊得正开心，这个时候她递过来的纸条无疑是在你自由玩闹的心上浇了一桶凉水，尤其是你曾经多次帮过这个人，你把她当作自己的好朋友。所以这个时候她递过来的纸条便成了你们矛盾的导火索。

为什么我称这张纸条为"导火索"而不是"原因"呢？或许你认为是这张纸条让你们之间的关系产生了裂痕，但是你是否想过其中真正的原因呢？我注意到你用了"恩将仇报"这个词来形容你的心情。我想其中既包含着你的气愤，也包含着你的态度：小张不应该这样对我。当我们以这样的态度在和朋友交往的时候不可避免会对对方提出要求。而在大多数情况下,我们对朋友"应该怎么做"或者"不应该怎么做"的想法通常是导致产生矛盾的重要原因。但事实上作为朋友,在交往的过程中最重要的难道不是真诚以待吗?小张用这样的方式表达她的心情和想法,又何尝不是一种属于她的真诚表达呢?

我很开心能收到你的这封来信,因为当你写下这段文字,说明你内心还存在一些希望,愿意去挽回这一段友情。那么我们是否可以尝试着去做以下这些事情?

首先,要知道每个人的学习方式和学习能力是不同的。所以也许小张在学习的过程中需要花掉更多的时间和精力,每个人都有努力的自由,我们不能阻止他人减少努力,把自己的学习方式套在对方身上。当然我相信你一定没有想这样做。但是我想说的是换个角度看,小张的努力是值得我们敬佩的,这是属于她的闪光点。当初成为朋友一定也是因为她有着独特的闪光点吸引你吧!尝试着去发现更多对方的闪光点,这样能在彼此之间多一些欣赏与肯定。

其次,在这件事情发生的时候是否存在一些误会呢?"拜托安静点,我想要读书"这张纸条是她在什么样的情况下给你的呢?在课间打闹玩耍是你一直以来都会做的事情,为什么小张会在你们已经成为好朋友之后才提出这个问题呢?纸条上的这句话"拜托安静点,我想要学习"是否真的是以指责的口吻提出来的呢?小张为什么选择用传递纸条的方式来告诉你而不是直接和你说呢?小张真的是一个"恩将仇报"的人吗?其中是不是可能存在一些误会呢?这些误会可能因为你不想找她"理论"而失去了被澄清的机会。所以不妨给误会、给自己、给小张一个机会,进行一次真诚的沟通,我想这样或许能为我们带来意想不到的结果。

最后,一直以来我都觉得,来到我们身边的每一位朋友都是天使,和朋友的每一段缘分都是礼物,和朋友的每一次相处都是一场修炼。在一次次的缘分里，我们一次次地修炼自己，跌跌撞撞地从固执己见到宽容以待，从以自我为中心到理解他人。我想不论最后你和小张会有怎样的结局，你一定能在这样一段缘分里收获、成长。

可爱的眼镜厂头头，很开心能和你有这样一封信的缘分，我想这也是一场属于我的修炼。在你的字里行间我感受到了温暖善良、朝气蓬勃，这样的你给了我很深的触动。人与人相遇、了解、深交大都缘于一颗赤诚之心，而你带着这样的一颗赤诚之心，不论你与小张最后的结局如何，我想你都能在友谊的世界里收获同样的真诚、温暖与爱。

雨路

## 22 如何摆脱很"社会"的情敌对我的恶搞？

**昵称：诸葛大力　　　年龄：13　　　星座：双子座**

　　我是初三女生，因喜欢初二一个男生而得罪了他们班的一个女生，因为那个女生也喜欢他。那个女生很"社会"，自从知道我喜欢她也喜欢的男生后，就处处恶搞我。她在学校的贴吧上、同学的微信群和QQ群里，到处散布关于我的谣言。说我的坏话，也说我爸爸妈妈的坏话，手段就像《爱情公寓》里的"贾小七"。我其实从没有跟那个男生有过来往，她现在这样，我更加不敢对他有任何想法了。我跟她讲过，可是，她还是不肯放过我。再过几个月，我就要中考了，可是，她还在到处散布谣言，好多同学听多了，也似信非信，不跟我好了。我根本无法集中精力学习，又不敢告诉家长和老师，怕他们骂我跟别班同学"搞事情"。我要不要也找一个能干的很"社会"的同学帮我"摆平"呢？

**诸葛大力：**

　　大力你好！看你提起《爱情公寓》，我想到了第五季中那位学霸少女，她也叫诸葛大力。我想你给自己取这个名字一定是因为诸葛大力这个角色中的闪光点吸引了你吧！《爱情公寓》中的"贾小七"我不太记得了，但是我记得在第五季中，有一集也提到了网络谣言，公寓中的所有人都受到了网络谣言的影响。原谅我说得有些偏题了，但是看到你的遭遇我立刻想到了剧中大家被谣言影响的经历。

　　正如《爱情公寓》这部电视的名字，爱情在我们的生活中占据重要的位置。喜欢学校的男同学并不是一件丢脸的事情，相反这说明了你有足够的能力去发现身边人的优点，并且有能力去喜欢一个人。但似乎你的感情还没来得及萌芽就被另一位女生"扼杀"了。我想这时候的你一定有一些不甘和愤怒吧。随着事情逐渐发酵扩散，当谣言牵连了你的父母家人、影响到了你的正常学习生活时，这时候的你一定有许多害怕与无助。如果现在我在你的身边，我一定会给你一个大大的拥抱，然后告诉你"别害怕"。

　　我看到你已经试图和那位女生进行过沟通了，我很开心能看到你这么做。尽管似乎并没有解决问题，但这并不代表你所做的努力是无意义的。"恶搞""谣言"逐渐占满你的网络空间，这件事情似乎已经不是单纯的情感问题了，谣言像一张网把你网住了，谣言的扩散不仅影响到了你在他人心目中的形象，也给你的情绪带来了极大的负面影响。这一切对于现在的你来说是一个沉重的负担。中考在成长的旅途中是一个重要的里程碑，正因为我明白中考对你的意义，所以我才想尽我所能地帮助你，让你努力挣脱谣言这张网。

　　首先，要知道，家人是你最坚实的港湾。他们不仅不会被谣言击倒，还能在这场"谣言风暴"中成为你的避风港。也许你会担忧，老师和家长是否会因为你"不恰当"的感情而指责你，是否会认为你自己"搞事情"才惹出了这么多事情。但我想坚定地对你说：不会。所谓关心则乱，即使他们批评、指责你了，他们也终将会对你伸出援助之手，因为关怀才是他们真正想要表达的。所以不要害怕告诉家长和老师，我相信他们能够理解你，并且能给你提供很好的帮助。

其次，正确面对谣言能够在很大程度上帮助我们应对谣言。有些谣言在传播中常常变样，这一方面是接受者和传播者的记忆错误所致，另一方面是因为每个人在传播过程中都会有意无意地加上自己的主观色彩。谣言往往不是依据事实，而是凭空想象或根据主观意愿刻意编造的传言。由此可以发现谣言产生的根基不是以事实为依据，其真实性无从谈起，所以就注定了谣言往往会被真实的信息所揭露。所以大多数的谣言往往也是不攻自破的。虽然不知道那位女生在网络上散布了怎样的谣言，但是我想在面对这些谣言的过程中，有一件事是我们一定能做到的，就是做好自己，用最真实的自己击败谣言。

最后，中考作为人生中重要的里程碑，我想不论是你自己还是家人都为这场考试准备了很久，所以在这样的关键期调整好自己的心态是非常重要的。为什么这么说呢？打个比方，如果把大脑比作手机，那么情绪就是这部手机的底层操作系统。我们所有的后天学习都是建立在基本的情绪系统上的。过多的压力以及抑郁和沮丧的情绪会为我们的大脑带来沉重的负担，就像手机内存过多时变得卡顿。所以及时清理你的负面情绪非常重要。在面对这个问题时，我可以给你提供一些小小的方法。一方面，可以尝试通过各种各样的方式将这些负面的情绪宣泄掉，比如找人倾诉你的委屈和担忧、通过运动释放心中的烦闷、听喜欢的音乐找到共鸣等等。当然这个宣泄的方式是非常多样化、个性化的，可以根据你的喜好进行选择。

另一方面,通过转变想法来减少负面情绪的产生。比如换个角度看待谣言,这次的"谣言风波"何尝不是一次机会,可以让你更清楚明白身边有哪些人是真正了解你、相信你、支持你的。对于那些不熟悉自己的人,我们又为什么要过多在意他们对自己的看法呢?

三人成虎,众口铄金。谣言舆论带来的压力是巨大的,但谣言的本质决定了它的宿命就是被澄清。正如在《爱情公寓》中,诸葛大力即使深陷谣言中心,但她只要有一颗坚定的心,一个坚实的后盾,就一定能澄清谣言。我始终相信,正在读这封信的大力能够像剧中的大力一样,冷静理智,突破谣言的限制,成就更好的自己。

雨路

## 23 努力无果,而父母只看果怎么办?

**昵称:BTS 的 FIRE　　　年龄:12　　　星座:巨蟹座**

　　父母给的压力和老师给的压力有的时候真的很累。一考试就要和其他孩子攀比,考差了就逼着我去上补习班。难道所有的孩子都是一样的吗?我已经很努力了,我每周末都要去上补习班,但是有什么用呢?会的还是会,不会的还是不会。我真的已经拼尽全力在学了,可是他们仍说:"你怎么不好好学?""为什么人家可以考多少分,你就考不到?"听到这些话,我的心情非常糟糕,我一遍又一遍对自己说:"下次一定要更加努力,一定要考更好!"可是成绩依然是那个样子,不上不下,不好不差。

　　我好迷茫,谁说努力付出就一定会有收获,我的收获呢?学习上的问题,父母不看过程,直接根据结果判定我认不认真,几个分数就否定了我所有的努力。望着一个个刺眼的分数,我的内心充满无助。成绩你什么时候能爱我一次?!爸妈你们什么时候能肯定我的努力?!

### BTS 的 FIRE：

你好！读完你的困惑，我真的很想抱一下你，从文字中我感受到了你的迷茫无助，这段时间你一定很辛苦吧？同时，我又佩服你，因为我看到了一个努力向上的你。能够坚持每周末都去上补习班足以证明你是个勤奋努力的孩子，这一份自觉多么难得！所以我真的很佩服你！

其实，很多孩子都会有这样的疑惑：为什么父母总是给孩子这么大的压力？为什么父母总是把我们和人家的孩子比较？父母是不是爱成绩胜过爱孩子？谢谢你 FIRE，勇敢地提出了这些问题。这不是无解之题，只要有耐心、有恒心，我们就可以找到答案。

首先，我们应该都很确定父母是爱我们的。父母陪伴着我们成长，他们见证着我们从小小的婴儿到如今有个性的小大人。不知你有没有发现，关于孩子，父母总有说不尽的担心。"天气冷了，把秋裤穿上。""作业写完了吗？怎么还不去写作业？""别老是看电视，对视力不好。""和谁出去玩？什么时候回家？"这些话是不是非常熟悉？

很多时候这是无微不至的最好诠释，但有时，父母的这种过度关注会给我们带来压力，甚至让人感到焦虑。就比如"你怎么不好好学？""为什么人家可以考多少分，你就考不到？"这些出自父母口中的带着否定意义的话让人充满了挫败感。假如你只关注到这些字眼，那么生气伤心是必然的，这些都是再正常不过的情绪了。不妨跳出这些字眼，再想想，成绩是你的一部分。他们爱你、关心你、照顾你，必然会关心你的成绩。

然后呢？或许你会反抗父母，大声地反驳他们。或许你会从此关上自己的心门，不再与他们沟通，从此也否定自己的付出。可能父母从此不再说这些话，也可能他们说得更多，不论如何，问题还是存在。问题长期得不到解决，容易让人产生糟糕的坏情绪，比如焦虑，而糟糕的情绪必然会给你带来更大的压力，这就陷入了一个恶性循环。

这，绝对不是你我希望看到的。所以，我们不能让坏情绪战胜理智。当你听到这些话的时候，不如先冷静地思考一下，为什么明明爱你的父母会说出这样伤人心的话呢？他们的目的是什么？是故意打击你吗？是故意贬低你吗？不是的。他们希望你成为优秀的孩子。希望你重视学习，不要落于人后。或许他们信奉有压力才有动力，试图反向激励你。

又或许他们是情急之下说出了违心的话，俗话说"关心则乱"，父母有时候太着急了，人一着急，说的话就乱套了。但是他们绝对没有打击你、贬低你甚至伤害你的想法。想到这里，父母的话是不是没有那么尖锐刺耳了？所以，试着去感受隐藏在这些说教背后的关爱与期待，千万不要被坏情绪牵着鼻子走。

冷静之后，我们应该怎么做呢？我想你应该试着把你的想法告诉父母。当父母说出"你怎么不好好学"这些话时，立即冷静、严肃地告诉他们：被比较让你感觉非常糟糕。你一直在努力，你需要的不是指责、攀比，而是他们的肯定与鼓励。当然，如果当下氛围比较紧张或者你的情绪还比较糟糕时，可以先暂停，选择一个恰当的时机，在双方都心平气和的时候，和他们谈一谈。谈话的目标很明确：让父母看见你的努力和你的需要。

父母的肯定非常重要，但首先，你应该发自内心地肯定自己！你形容自己"成绩依然是那个样子，不上不下，不好不差"，我是否能理解为处于一个稳定的中等水平？目前的学习成绩虽不拔尖却很稳定，这足以证明你一直都在努力，不曾放弃。这一点，令我佩服！所以你应该充分肯定自己、相信自己。学习是一个漫长的日积月累的过程，是持续的量变引起质变的过程。学习没有捷径、没有"速成"，只有稳扎稳打、耐心沉淀。所以，千万不能着急。我们要做的就是踏踏实实走好每一步路，路上会有荆棘、会有质疑。但你要相信,你必然会收获专属于自己的一片美丽风景。

你还提到了一个很重要的问题:付出努力就一定会有收获吗?也许是,也许又不是。没有方向的努力是事倍功半甚至徒劳无功,而方向明确有针对性的努力则是事半功倍。你认为每周的补习班对你没有作用,这其实就是一个很重要的信号。为什么花费了大量时间、精力去补习却没有作用呢?是不适应补习老师的讲课方式?补习课程不适合你?还是其他原因?这其实就在提醒你当心这样的补习是事倍功半!你需要一份更有针对性的、更适合你的学习计划。静下心来,分析你实际的学习情况,有没有偏科?哪门功课成绩需要提高?哪些方面需要提高?如何提高?在这个过程中你可以主动求助你的老师、同学、父母,结合他们的意见为自己制定一份切实可行、有针对性的学习计划。再接着,我们唯一需要做的就是日积月累的坚持,时间会给你想要的答案。

说了这么多,不知我的解答能否给你一些帮助。解决问题的方法有很多,聪明又努力的你一定可以想到更多更好的办法。最后,我想跟你说:亲爱的 FIRE,多一点自信,相信你的努力一定会有回报。多一点勇敢,告诉父母你需要他们的肯定和鼓励。加油!

小嘤

## 24 如何缓解理科差带来的失眠症？

昵称：织女　　　　年龄：14　　　　星座：双鱼座

我的理科成绩不好，我睡前都会做一些科学的练习题（如果精力支撑得了我，时间允许的话），而且我为了减肥也会在夜间跑步，所以会弄得很迟。因为晚上弄得迟，早上又要早起，所以巴不得能拥有一上床就入睡的功能。可是我不仅没有，而且有时会彻夜难眠，以至于第二天精神萎靡不振。

我认为，我应该算是个缺眠的人（多时睡觉时间约有7小时，少时小于6小时）。所以自认为我有必要吃安眠药（虽然我知道对身体不好），但我妈坚决不同意。就这样，我经常只是浅浅地思考问题，无法想得深入，一深入思考，"脑仁"就疼，精气神也不足。

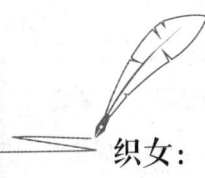

织女：

你好，看着你的困惑，我的脑海里浮现出一个正编织着捕梦网的女孩形象，对不起，我冒昧地就把你想象成女孩了。不过，真庆幸你是爱夜跑的织女而不是爱葬花的黛玉，要不然更睡不着了呢！亲爱的织女，我先建议你在床头放一盆洋甘菊助眠哦！

好了，玩笑过后，正经的来了！亲爱的，我们不妨搬张小凳子，坐下来，慢慢来梳理。

读完你的惑，我很欣赏小小年纪的你，却拥有潜在的大能量。你有强烈的自我意识，非常清楚自己亟待改善之处，并尽己所能去解决。可能因为事太多，又加之心切，操之过急，弄巧成拙，反将自己困进了一团剪不断理还乱的乱麻中了。困住了，怎么办？想必你早已按下了抢答键"解呗"！你就是如此地善于思考，勤于实践！

首先，我们来敲黑板，划重点，捋捋你的愿景：理科成绩提高；减肥；一上床就入睡的功能。让我们一起分散集结、包围迂回，逐个击破吧！

悄悄告诉你，学生时代，我的理科成绩也不太理想，尤其在高中阶段。所以我最后选了文科，当了文科老师。想要提高理科成绩，多刷题是不二法宝。爸妈如是说，老师如是说，连理科好的朋友也如是说。以我的可怜的经验，刷题最主要不在于数量，而在质量上，关键是培养理科思维。如果你觉得自己的科学并不是太小白太弱，可以考虑将自己不会以及易错的题目进行分类整合，从一类的错题里找到这类题的思路，同时找到这类题的相似题——题型相似，但是在解题方向上容易搞混出错的，进行对比分析。这样的效果比单纯刷题的效果可能略胜一筹。

刷题的时间点，我想和你探讨一下。晚上刷，尤其是某些题，烧脑，死掐还掐不出来的，睡前做，无论做成与否，或多或少会让大脑皮层兴奋，这就影响入睡时间了。建议你留意发掘一下自己一天中大脑最活跃、效率最高的时间段，选在那个时间段来做，试试看，可能会收到令人惊喜的成果。睡前换成看看自己收集的错题集，轻松地复习一下今天所学的知识，喝杯热牛奶，听点轻音乐，平缓心情，让自己安然入睡！

　　减肥，我知道，不是女孩的专有词。隔着文字，你到底有多"肥"，我不得而知。但一个对身材有要求的人，不会肥到哪里去的！夜间跑步能减肥吗？需要跑多少？哪个时间点跑最好？这些还有待科学论证！据我所知，要想减肥，重要的不是运动量，而是体内的新陈代谢，科学书上有涉及，你懂的。健康的饮食习惯，科学的生活作息更为关键。从自己的饮食入手，管住嘴，该多吃的多吃，该少吃的少吃，不该吃的不吃。课程安排的体育课和体育锻炼时间，保质保量完成，如还觉得运动量不够，晚上夜自习后就跑着回家吧！你们就近上学的，估计也就10分钟吧！白天做好时间管理，晚上尽量早点休息，生活作息科学了，精力充沛了，精气神足了，这就是好身材！

　　一上床就入睡的功能，这个有点难！40多年了，我还没这种"神功"。如有哪位高人，我也想拜他为师。其实你也看出来了，睡前做科学的练习题；夜间跑步；加之自己处在乱麻中，难免有焦虑情绪，这些都影响了你的睡眠质量。针对失眠，安眠药不是安全方，更不是特效药。试过的人都知道！试着先慢慢调整好上面两项，有了规律的生活作息，周公会向你招手的！睡眠时间充足了，精神好了，能深入思考，"脑仁"也就不疼了！

陈静

## 25 如何说服不太有钱的父母别报辅导班？

**昵称：CCTV当家花旦　　年龄：12　　星座：白羊座**

我是一个初二的学生，我平时学习比较认真。在爸妈和老师的眼中，我是一个非常乖的好学生。但是我的成绩一直处于中游水平，总是提不上去。爸爸妈妈总是认为我还不够好、不够努力，所以他们在周末的时候都给我排满补习班。上午英语、数学，下午语文、科学，还有写作、跳舞这些，排得满满的。爸爸妈妈也为我花了非常多的钱。可是，一个星期下来，学校里面的任务就够我做了！我也很希望能够把自己的成绩提上去，但是平时的学习真的很累，我很希望周末的时候，能够有点时间让自己休息一下，哪怕是早上睡到八九点钟再起来学习，我想我可以更有效率一些。

我们家也不是非常有钱的，我知道爸爸妈妈在我身上花了很多的钱，但是这样我的压力更大了呀。爸爸妈妈花了那么多钱，但是我又没有很好的成绩回报我的爸爸妈妈。我很想跟爸爸妈妈说，我不去辅导班学习了，我在学校会更加认真的，但是我又不能保证自己能够把成绩提上去。真的，我压力很大，也很矛盾，但我又不敢和爸爸妈妈这么说，怎么办才好呢？

**CCTV当家花旦：**

你好！从你的昵称里能够想象到你的形象肯定很棒，从字里行间也能感觉到你是一个用心并且努力的人。为了能让你有更多的学习机会，你的爸妈宁愿自己辛苦，也要花高价让你去参加课外辅导班，你是否因为有这么爱你的爸妈而感到幸福呢？祝福你！

人的成长难免会遇到困惑，但你能够发现并主动说出来，真替你高兴！很开心我们现在能一起聊聊你的困惑！作为一名八年级的学生，已经度过了七年级的适应期，进入关键期，家长和教师等应该会无形中强调八年级的重要性，而对于认真努力的你，可能会因为过于在乎这些而产生压力；虽然爸妈给你报的辅导班有些多，而乖巧懂事的你都能欣然接受，因为你懂得了爸妈的"良苦用心"，真心佩服你！通过自己一阶段的努力实践，你发现了一些问题，时间和精力不足，导致成绩并未有很大起色，因此你觉得有愧于爸妈而感到压力重重。

CCTV当家花旦，我们应该可以理解，学习压力是在所难免的，因为现在就是一个处处充满竞争的社会。我相信白羊座奔放自由的你肯定具有这种竞争能力，只是不要急，也许这些刚好是你能力提升的一种动力与机会，你说呢？只要你勇敢面对现状，积极思考，主动出击，这些看似困难的问题都会迎刃而解的，咱不怕！

CCTV当家花旦，引起你真正困惑的就是如何向父母启齿，当务之急就是如何与他们沟通你近期压力很大的原因。其实，很多时候，我们可能因为自己胡思乱想，而多添了困扰。你想你拥有这么爱你的父母，难道他们希望你过得如此痛苦、如此狼狈？肯定不是的。所以，我认为你与爸妈之间需要沟通。再者，你说你家里经济一般，他们仍愿意为你花钱，充分说明了你的爸妈与你是站在同一条战线的。既然如此,你还需"一家人说两家话"吗?请赶紧大胆主动地去找爸妈沟通,也许他们也正愁如何让你开心快乐?此时的沟通很及时,也很必要,难道不是吗?

如果你已经做好了与父母进行深入沟通的心理准备,那么请继续花点时间做一下沟通方法上的技术准备。一是感激家长的良苦用心。在我们很多家庭里,往往很难做到当面道谢,觉得难以启齿。其实,在沟通过程中,我们先将我们的谢意呈上,这样会让对方顷刻间柔软下来,会因为感到孩子懂事了而感动,而不是防御状态。这样就会为我们下面的顺利沟通作一个很好的铺垫。二是把控好双方的情绪。在沟通的过程中,往往双方表达自己的意愿时,会显得有些激动,此时是很难更好地沟通,接受对方的观点也就更难了。所以,你在沟通时,一旦发现任何一方情绪激动或失控时,你必须第一时间控制好自己的情绪,并暗示自己沟通的目的。这样理性的表现也会为你的成功加分,因为爸妈在倾听中,能感受到你是经过慎重考虑的,而不是一时意气用事。三是如实表明自己的态度。如果以上两点均已达成,那第三点会直接让你达到成功彼岸。在父母的眼中,孩子是永远长不大的。如今你态度坚定,分析有理,怎能不让爸妈重新思考当时的安排?他们也肯定懂得"过度施肥是会抑制生长"的道理,从而接受你的"主动学习,适当辅导"的策略的。你觉得呢?

CCTV当家花旦,希望以上建议能帮到你,让你早日走出困境;也祝愿你在大胆沟通后,能够更加明确自己的努力方向,更加专注自己的目标,更加积极而勇敢地面对下一个困难。让自己的能力不断得到提升,为真正成为生命的主人而努力吧!加油!

时光岁月

## 26 一定要拼命学习人生才会精彩吗？

昵称：叫爸爸　　　年龄：12　　　星座：巨蟹座

这一学期马上就要结束了，时间过得很快，快期末考试了，我都不知道该怎么办。平时呢，也复习不进去，这一学期，我基本上考试都是临时抱佛脚，不怎么复习。

我一直想改变自己，可现在才发现，并没有改变。我总是在心里告诉自己，作业一定要按时完成，可总是完不成。我觉得作业多，可和那些优秀学校的学生比起来，我的作业少之又少。我还是完不成，不知该怎么办。

我有拖延症，什么事都喜欢往后推迟，害得我自己天没亮就起床补作业。因此和家里的关系并不怎么和谐，有时候还跟父母吵。我没有决心去改正，但也不想一直这样，所以，我不知道该怎么办，每次我想改变，可是坚持不了。

我不喜欢上学上课，只想在家里，哪怕没有电子产品。我觉得学习并不是很重要，我有时会想，一定要拼命学习我的人生才会精彩吗？

现在，成绩掉下来了，虽然老师没说，可我总感觉心里不舒服。这一学期我已经迷迷糊糊地过去了，我不想下学期还这样，我该怎么办？

**叫爸爸：**

一看到这么霸气的昵称，想必你肯定是一个直爽、率真的人吧！你好，很高兴认识你！

首先，谢谢你愿意跟我分享你在学习上的困惑。在学习压力日益增加的今天，我想，你提出的困惑或许也正是无数初中生的疑惑。从早到晚的课程，做不完的作业，老师的教诲，家长的期待，我知道，你背负的压力越来越大。每个人都会经历这样的时期，所有人都在告诉你要努力学习，只有学习才是唯一的出路。

但是就像你说的：一定要拼命学习人生才会精彩吗？答案是否定的。每个人的人生轨迹都掌握在自己手里，我们在这一过程中有千百条路可以走，同时意味着我们也面临无数个选择。某一个正确或是错误的选择都可以影响我们的一生。究竟我们为什么要学习呢？当你迷茫的时候，不妨问问自己，现在我可以选择什么？是就这样一成不变地混完三年吗？还是我可以一步一步来改变，一点一点去进步？你知道吗，也许学习并不能使人生变得精彩，但学习可以帮助你在人生各个分岔路口时，能够拥有更多更好的选择。优异的成绩能使你在中考后选择更好的高中，使你在高考后选择你满意的大学，使你在毕业后选择喜爱的工作。我不敢保证你现在的付出足以让你看到美好的未来，但是我想说的是在年少时，我们能做的就是做好当下的自己，不给未来留遗憾。

幸运的是，我看到的不是一个得过且过、自甘堕落的你，而是一个努力想改变现状、却手足无措的你，因为你对成绩下滑感到不舒服，认识到这学期迷迷糊糊，不想下学期还这样。你说你总是在心里告诉自己，作业一定要按时完成，可总是完不成，你还说你有拖延症。我想这一切都是因为你的学习目标很高,你想要做到最好,可是遥远的目标让你望而却步,所以你选择了一拖再拖。那么解决你的学习困惑,我们就从目标下手吧!

为了完成一件事,我们总喜欢给自己设定目标,有些人的目标很小,只要稍微努努力就可以实现;而有些人的目标很远大,需要不懈的坚持,日积月累的付出。最后我们发现不论是大目标还是小目标,带给人的成就感是一样的,我们都会因为某一件事的成功而兴奋不已。那么当我们发现自己的目标过大难以一下子实现的时候,为何不将大目标分解成一个个小目标呢?实现一个小目标,我们一样会获得极大的满足感和成就感,而这种喜悦更会激励我们去实现下一个小目标。长此以往,大目标是不是也就更容易实现了呢?"不积跬步,无以至千里;不积小流,无以成江海",原来古人早已告诫过我们。

马拉松世界冠军山田本一曾分享夺冠智慧:"每次比赛前,我都会将比赛的路线看一遍,并默默记下沿途的一些醒目标志,比如第一个是红房子,第二个是银行……就这样一直到终点。比赛开始后,我以百米冲刺的速度向第一个目标冲去,然后是第二个、第三个……40多公里的赛程,被我分割成几个小目标就轻松完成了。最初,不懂这个道理的我将目标定在40公里外的终点线上,结果不到一半我就疲惫不堪,并被前面那段遥远的路程给吓到了。"

由此可见,小小的目标,容易实现的目标能带给人更大的动力。那么让我们回到你的困惑,学习又何尝不是一场马拉松呢?巨蟹座的你要展现出最有毅力、最坚强的一面!你面对的是遥不可及的目标,而这一目标让你害怕,甚至不敢踏出一步。所以,你发现自己毫无改变不知该怎么办时,你会变得急躁静不下心。那么不妨尝试一下将你大的学习目标分解成小目标,比如今天背几个单词,做几张试卷;明天读几页书,做几道题。然后一天天完成,最后可能你会发现你并没有做什么特别的,学习就变得轻松了许多。坚持下去，久而久之，你就会发现惊喜：其实在完成小目标的过程中，你什么都做了。

时间飞逝，一学期会很快过去，一年，三年，十年都会很快过完。既然现在我们面前还没有更好的选择，那么就让我们跟着既定的步伐昂首挺胸走下去吧！去创造更多奇迹，去做自己的超人。

再次谢谢巨蟹座的你愿意向我倾诉你内心深处的不解，希望在未来看到你在面对人生分岔路时自信地做出你最正确地的选择。愿前程似锦！

冬眠的蜗牛

## 27 考前焦虑,怎样静心?

昵称:永动机　　年龄:13　　星座:摩羯座

我是一个初一学生,进入初中后,我们的考试也越来越多。在小学的时候,每当遇到大的考试,我就会特别紧张。到了初中以后,每次考试之前我也特别紧张,有些时候晚上睡不着觉,闭着眼睛,感觉眼前有很多题目在飞来飞去,总感觉自己的脑袋在高速地运转。真的非常焦虑!所以每次考试的时候,我都没能发挥出自己正常的水平。老师们也跟我讲,说考试之前要保持平常心,不要急躁,我在考试之前也会长舒一口气,做深呼吸来缓解自己的压力,但是似乎没有什么用,还是不能消除自己的紧张情绪。

考试开始的前15分钟和结束的前15分钟,对于我来说都是"无效"的。我也找了一些缓解情绪的小知识,但是呢,始终都帮不到自己,为此我非常苦恼。我怎么样才能让我自己静下心来,强大起来呢?是不是我天生就是这样子的?

**永动机小友：**

你好呀！看完你的问题，再看看你的星座，我顿时觉得这样的问题正常极了！摩羯座被称为最孤独的星座，相信星座的人们常用"船头惊鬼，船尾惊贼"来形容摩羯座，摩羯座总是忧心忡忡。

但摩羯座真的是"忧心忡忡"吗？

其实不然，摩羯座的崽崽们，富有忍耐力，并且是十二星座中最勤奋的一类。正是由于你们天性里的忍耐和努力，会让你们内心背负上许多不可与他人言说的责任感。也正因为这样，你们找不到一个真正的宣泄口来减轻自己身上担子的重量。因此，担子里的背负越来越多，压在心上的担子越来越沉。而这也许是让你考前越来越急躁、焦虑的原因。

接下来，就由热爱星座的我，为你提供独家"占星"结果吧。

每个人都会有类似的经历，老师也是从小朋友成长到现在这样的大人，我的成长经历也和你的一样，所以你的困惑也是我的困惑。但是那时的我没有你这么懂事，直到后来才知道这是心理压力，所以，我当时一直在辗转反侧中长时间思考。我想，也许我的建议能给你带来一些帮助。

永动机小友，我想向你推荐一本书——龙应台的《孩子，你慢慢来》，这本书也许会让你从一个成人的角度来重新看待自己遇到的问题。

龙应台在书中写过这样一段话："我在石阶上坐下来，看着这个五岁的小男孩，还在很努力地打那个蝴蝶结：绳子穿来穿去，刚好可以拉的一刻，又松了开来，于是重新再来；小小的手慎重地捏着细细的草绳。我，坐在斜阳浅照的石阶上，愿意等上一辈子的时间，让这个孩子从从容容地把那个蝴蝶结扎好，用他五岁的手指。孩子你慢慢来，慢慢来。"

那我想问你一个问题，怎样才算慢慢来呢？

我们都知道，在自然界中，万物生长自有法则。或许学校的学习节奏越来越快，或许你身边同学朋友的进步也越来越快，但是，你应该知道，每个人都有自己所应该遵循的"成长法则"，就像揠苗不能助长，过度的焦虑也不能让你收获秋天的硕果。

"成长法则"中最重要的一点，就是接纳自己。

那么，又来了一个问题，你想一想，什么是接纳自己呢？

"接纳"的含义，在词典中被解释为"接受、采纳"，那么"接纳自己"从最简单的字面意义上，就可以理解为"接受、采纳自己"。但这样似乎就不够文从字顺，那要怎么去扩写这句话呢？现在请你动动脑筋动动笔，写下对这句话的理解。

我们作为平凡人，都有优点和缺点，接纳自己，不只是说悦纳（愉快地接受）自己的优点和他人的表扬，同时也应该接受自己不想直视的不足和他人的批评、意见；有了优点和表扬而不自傲，有了缺点和他人的批评而不自卑。这种"中庸"的心态正是"接纳自己"的心态。

如果今天你很开心，如果这次考试你进步了，如果这次背书默写你过关了，你要表扬自己，并告诉自己很棒，继续努力；如果你今天垂头丧气，如果你这次考试退步了，如果老师、家长批评了你，你要安慰自己，并反省自己为什么做错了，再告诉自己继续努力。这就是接纳自己，不仅悦纳自己的快乐，也悦纳自己的不快乐。

就像林清玄笔下的桃花心木，只有经历了各种天气变化的那棵，才能茁壮成长。而考试并非你现在人生的全部，除了考试，还有许许多多值得你关注、思考的事情。我们不妨在学习之余，看看校园里的小草小花，看看不一样的天气，看看身边与你一同成长的同学朋友。因为，除了考试，老师评价学生的方法有很多种，考试并不是衡量人才的唯一标准。

当我们学会接纳自己，许多问题就可以迎刃而解。

当我们学会接纳自己，就会知道自己的理想和目标应该分段去达成而不是一蹴而就。

有一个故事相信你一定听过，曾经有一个马拉松选手，他跑到了第一名，记者问他："你能跑到第一名，是因为你一直把终点线和奖牌当作你的目标吧？"但是那位选手说道："我只是把跑道旁的树当作我的目标，如果我到了下一颗'目标树'，我就告诉自己奔向下一个目标。"我们考试、学习也应该要有这样的"目标树"，而不是一心想着一步登天——一次考试就想飞速提高。

你不妨设置一排属于你的目标树，每一次都向下一个目标进发。

比如说，你现在是年级段400名，下一个目标可以定什么呢？

我想，下一个目标不一定是硬性地规定提高名次，而可以是数学分数提高5分，再接着是英语提高10分……以此类推，当每门课的分数提高，排名自然而然就上升了。这才符合成长学习的规律。

但有时压力也有来自外在的因素，如老师、家长对你的要求过高。如果是这种情况的话，建议你与他们来一场平等的对话，大胆地说出你的想法，告诉他们你自己心目中的"目标树"。

相信聪明的你一定已经知道了，在有了目标之后，最重要的事情就是"行动"。克雷洛夫说过一句话："现实是此岸，理想是彼岸。中间隔着湍急的河流，行动则是架在川上的桥梁。"无论是中国还是外国，无论是古代还是现代，行动都是实现梦想的最基础也是最重要的一步。

你的昵称叫"永动机"，我相信你并希望你也像永动机一般，充满了"行动力"，支持着你往理想奔赴。

时间过得真快，打开你的信，写下这些文字，已经过去了好一会儿，此时的你在做什么呢？如果此时的你仍在为考试、成绩而烦恼，我们一起来"放空自己"。

闭上眼睛，可以坐着，可以躺着，也可以站着，总之，用你喜欢的姿势，让自己放松。想想那些令你开心的事情，或是什么都不想，慢慢感受自己的呼吸，那是你生长的气息啊。撇开考试、撇开学习、撇开唠叨，我们都是大自然的孩子。所以太疲倦的时候我们还是应当回归自然的怀抱，感受自然生长的温柔气息……

写到这里，已是深夜。我想象着在灯下的你，或许倦意也侵袭了你，晚安，我的永动机小友，期待你下次来信时，我能看见一个温暖如初阳的你。

伟伟俏位

## 28 学习是为了什么？

**昵称：石夫人的小状元　　年龄：13　　星座：天秤座**

父母说他们小时候可以钓龙虾，可以抓虫子玩，可现在的我们除了学习还是学习，好像成了学习的工具，每天被关在房间里，根本没有和自然接触的机会。

学习是为了什么？父母也总是认为学习是为了考试，考好了是为了以后的生活过得更好。虽然这么说也没错，这就是现状，可这与从前那些一心为了当官而一直考试的人，有什么差异？现在的我们成了学习的机器人，成了考试的奴隶。我们已经初中了，有几个孩子会做饭、洗衣服？

学习是为了什么？真的只是为了考试吗？未来的生活是生活，现在的生活，难道就不是生活吗？

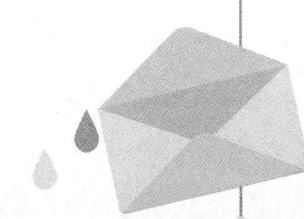

**石夫人的小状元：**

问得漂亮！问得畅快！鄙人敬佩。

石夫人的小状元，你好啊。先套个近乎，我也曾在石夫人（位于浙江省温岭五龙山公园，温岭十景之一）脚下"寒窗"三年，看到你就有一种油然而生的亲切感。只不过我不是状元，也没有小状元你这般的胆识与魄力。

学习是为了什么？为了在欣赏像滕王阁上看到的那般美景时，能够咏出"落霞与孤鹜齐飞，秋水共长天一色"的诗句，能够体会"闲云潭影日悠悠，物换星移几度秋"的慨叹，而不是只会说"哎哟，真是太美了""快快快，自拍一张"。不过，我们需要有欣赏美景的外出机会，哪怕只是到石夫人那儿去爬爬山，也会比奔走在各大辅导班里更能够领会到"画栋朝飞南浦云，珠帘暮卷西山雨"的意境。

学习是为了什么？是为了在炎炎夏日苦等空调技术员未果，自行拆卸空调扇叶排除故障时，能够明白原理、看得懂说明书中提到的各类专业名词，而不是只会象征性地拍拍空调，鼓励它振作点。再不济，我们需要知道怎么联系空调技术员，或者在自己动手时分得清内六角扳手和外六角扳手，或者是，家里起码得有扳手、螺丝刀这些工具。可别笑，拆卸空调可不是那么简单的活呢。

学习是为了什么？是为了能够在抓虫子玩时，知道什么虫子该去哪片地里抓，什么季节最容易抓到。学习是为了能够解答自己心中的十万个什么！学习还为了能够在将来面对心仪的工作时有底气地站在 HR 面前说："我完全符合你们的招聘条件。"当然了，得先通过学习了解什么是 HR。

哈哈，我怎么觉得我越说越像是在劝你学习呢，亲爱的小状元，学习肯定是为了让生活变得更美好，考试是一种无法避免的途径，但也绝对不是唯一的途径。学习是多方面的，不仅仅定义为中考、高考或某个证书的考试范围。到校学习是学生生活中最大的组成部分，我们在学校不仅学习知识内容，也在学习"如何学习"。我们的考试不仅能鉴别学习成果，也能帮助你查漏补缺，调整自己的学习方法。学无止境，在校上课、考试只是我们"学习"的一部分，但培养得当的"学习能力"将会使你受益终身。

　　我很欣赏你，石夫人的小状元，你善于思考，敢于质疑，珍惜生活，明白生活技能的重要性，懂得理论知识需要与实践操作相互结合。我相信，你绝对可以成为一个快乐的学习者！

　　时代在飞速不停地进步变化，我学生时代的课后活动是捉知了、拔猪草、钓青蛙、做家务等等，而你则是打游戏、玩乐器、搭积木、看图书……反正我是很羡慕的呀。我们不可能也没有必要将不同时代的课外活动调换或者对比，大家都在顺应时代的脚步，并做出了更好的调整。不可否认，这个时代学生的认知水平、知识层次等都要比我们当时强得多了。

　　所以啊，这个时代的父母，就更加焦虑了，害怕自己的孩子在"学习"上落下一分一毫。不仅是考试成绩，还有音乐、舞蹈、足球、创新等各式各样的技能与素质。亲爱的小状元，觉得很累吧，过着这样日复一日忙碌的学习生活。我们的父母虽然总说着"你是个孩子，懂得还太少，我都是为了你好"之类的言辞，但他们也并不是无法沟通的，他们绝不希望孩子成为学习的机器人、考试的奴隶。他们必然是期待着孩子能够成为一个懂得生活、享受生活的人，但他们实在是太害怕孩子如果不好好学习的话，就无法积累享受生活、实现理想的某些"资本"了。

　　有你这样明白学习真谛的孩子，你的父母也肯定不是一味盲从而是明白事理的人吧，和父母交流自己的真实想法吧。在周末完成作业后去石夫人脚下亲近自然；在妈妈做你爱吃的蒜薹炒肉时上手实践；在窗台上养几盆可爱的多肉植物，观察到底该多久浇一次水……来吧，现在就开启美妙的生活，成为一个更全能的小状元。

而大环境下对课程学习与考试成绩的重视，可能暂时是无法消除的。但相信小状元你本意是不排斥学习的，只是不想成为学习的机器。现在的我们，与从前那些一心为了当官而受到封建科举制度荼毒的某些迂腐的读书人，可大有不同。我们有更多彩的理想，有更丰富的选择。不知道小状元你的理想是什么呢？

中国有句古话叫"十年磨一剑"。美国作家格拉德威尔在《异类》一书中指出："人们眼中的天才之所以卓越非凡，并非天资超人一等，而是付出了持续不断的努力。一万小时的锤炼是任何人从平凡变成世界级大师的必要条件。"他将此称为"一万小时定律"。

无论你的目的地在哪里，我们都在经历着这一万小时的锤炼与积累。亲爱的小状元，祝愿你不忘初心，勇敢追梦，在"学习"的终身旅途里所向披靡，收获所想，享受所得。期待你的好消息！

彬亚艾力

## 29 成绩赶上喜欢的男生,如何向他表白?

**昵称:李白夫人**　　　　**年龄:14**　　　　**星座:天秤座**

  初一的时候,我喜欢上了我班的一个男生,他的侧颜特别好看,学习成绩也好。我告诉妈妈,我喜欢这个男生,想和他谈恋爱。没想到,妈妈竟然同意了,前提是不能影响到学习,要进步到和他一样优秀,才有可能被他喜欢。有了妈妈的支持,一年来我学习努力,进步很快,但一直没有和男生表白。

  到了初二,我的学习成绩已经赶上了那个男生,可妈妈却不同意我喜欢他了。难道喜欢一个人,只能看学习成绩优不优秀?我真的很难理解妈妈的想法。因为这事,我都和妈妈吵过好几回了。后来妈妈终于妥协了,勉强同意了。可是,我设想了很多个版本,还是不知道该如何向他表白。我该怎么办呢?

**可爱的李白夫人：**

从你的昵称和对这位男生的好感，可以看出你对美好的追求。很让我欣赏的是，你可以把这件事告诉你的妈妈，这说明你们母女之间的沟通很好，关系很融洽啊。不信你可以问问身边的闺蜜或朋友，并不是所有家庭都能做到和你们家一样的哦。

更让我欣赏的是，正如你自己所说，你的妈妈竟然同意了。虽然从你告诉我的后来的情况看，当初妈妈的态度并非真的是那么一回事。当然这是后话，我们待会再说这个。

至少当妈妈说"要进步到和他一样优秀，才有可能被他喜欢"时，听上去蛮有道理的，你似乎认同了这点，而且也确实这么去做了。所以，在回答你的问题之前，我想先问你一个问题："那一年的努力过程中，你的感受如何？你觉得自己辛苦吗？"或者也许可以更直接一点地问："你感觉自己幸福吗？"

请在自己的内心保留这个答案，我们再来看看第二年你和妈妈之间的冲突。我相信关于喜欢一个人，或者笼统地说人际关系，和对方的成绩是否优秀这二者之间，你已经有自己比较合理的认知了。所以我们也没必要在此执着于孰是孰非。只能说，你的妈妈因为过度关心你的成长，所以也表现出一些可能在你看来并非必要的担心。

那么，就剩最重要也是最让你纠结的问题啦。表白，还是不表白？这是一个问题！很抱歉，我并没打算，也不应该直接告诉你，是该选 YES 还是 NO。但是关于这个普遍甚至永恒的话题，倒是可以尝试从更全面的角度来聊聊的。

首先，在分析你自己的状况之前，我们不妨先跳出自身，从对方的角度来看一下这个问题。也就是说,如果你向他表白了,你觉得他会怎样呢?也许,他对你也有意思,那么接下来又会有很多分支,请允许我到此打住;也许,他本来对你并没有特殊感觉,但是我相信你的表白会让他对你的印象有所改变,不说喜欢但至少也有好感吧,试问谁不喜欢自己被人喜欢呢?前面两种情况看上去貌似都倾向是好消息,但是,也要考虑另一种可能性,就是你的表白给对方带来烦恼,或者说困扰,很抱歉我不得不这么说。毕竟,从另一角度来说,被表白也会和表白一样可能成为我们的困扰,不是吗?所以,你准备好了吗?

不急,我们再来分析你自己的状况,而且对我来说,你才是最重要的。类似前面的可能性分析,我们也来罗列一下表白与不表白对你的利与弊。你可以拿一张A4纸,上下和左右分别对折一次,形成四宫格,在左上宫格内罗列表白对你的好处,左下宫格则罗列不好的结果。同样的,在右边上下宫格分别罗列不表白对自己的利与弊。当然,这里的具体内容,只能由你自己完成。写完后,你再从"上帝视角"来俯视一下,也许只有真正到了那个时刻你才会有恍然大悟的感觉。

当然,前面我说的是太过理性了!感情是主观的,爱是涌动的,怎能容我这般毫无情感地所谓客观和理性的分析?!没错!所以我先对自己"事不关己"的态度表示道歉。然后,我希望谈一些相对主观的经验,仅想与你共鸣,而绝非作为参考,更不能代替决定。在看完以下这些主观甚至充满矛盾的观点之后,你再给自己一点自我思考的时间,可好?本来应该是放在最后的话,我现在打算提到前面来了——在我看来,你的表白与否其实并不是最关键的问题,你的自我成长才是!我相信,情感经历是自我人格完善的必要过程。所以,在此希望你能从中获得成长,祝好!

萧伯纳说:"要结婚的就去结婚吧,要单身的就去单身吧,反正最后你们都会后悔的。"说了跟没说一样,但是我真心觉得这句话同样也适用于表白呢。有歌唱着:"爱就要大声说出来。"但也有诗人告诫:"千万别试图说出你的爱／爱永远不能被说出来……"(《爱的秘密》威廉·布莱克)那好吧,再告诉你一个秘密,要不用最老套的办法吧——抛硬币——当你在抛硬币的时候心中已经有了答案……

任性的解惑者:Janus.K

## 30 如何摆脱"渣女"的称号？

**昵称：渣女表情包　　　年龄：14　　　星座：双鱼座**

　　我觉得我好烦，不想待在教室里了。因为班级里有个男生说他喜欢我，不断给我传纸条、写情书，我觉得尴尬，只能尽量躲避他。可是周围同学还是会隔三岔五拿我开玩笑，瞎起哄。如：发作业的同学故意把我的作业本给他，排队时同学故意把他往我身上推……一次，我因为肚子疼趴在桌子上而未参加体育课，快下课时，那个男生走到我身边，蹲下来，不停问我的感受。我担心同学们趁机又来起哄，没有理他，他没趣地走开了。后来，有同学说这个男生下学期要转学，理由是我不理睬他，让他难受了。他的朋友们开始说我高冷，甚至叫我渣女。天啊！我成了同学们眼中的坏人了，我只是想安安静静一个人待着也错了？现在我好像成了一个不受大家欢迎的人。我该怎么办？

**渣女表情包：**

可爱的同学，看到你的昵称，我想象到的是一个呆萌可爱的表情包。身为女生，我在十四五岁的这个年纪，也得到过男生的喜欢，当时我的心里是既激动又忐忑，既有怀疑又是窃喜又是纳闷。心里这片平静的水啊，涟漪不断，又潮起潮落。不知道你是否也有相似的感受与体验？

往往，当我们没有经验，不知道如何面对男生的喜欢，或许还没能得到朋友、亲人的倾听与支持的时候，羞怯的我们会以躲避的方式，来回应这份礼物与恩典。我们会选择躲避这个人，回避这件事，来压抑心里的感受。这样的做法，本质是一种自我保护，一点也没有错。我们的惯性认为，或许不作声、不宣扬，大家的关注度会降低，事情就会慢慢过去，就不太会影响我们当前的学习与生活。

事实上，无论你以什么样的做法和态度回应，事情都会随着时间过去。并且随着这个男生的转学，可能会减少很多其他同学带给你的搅扰。当这件事尘埃落定的时候，你也会如自己所愿，"一个人安安静静地待着"。只是，当时间流逝，当未来的某一个时刻，我们回想起来这段时光，是否会有另一些思考？

比如，30多岁的我，今天看到你的这份困惑，回想起十几岁的经历时，我的心底不仅仅会升起与你相同的感觉，我还会想到，躲避或许是在错过一个很棒的机会，一个能"遇见未知的自己"的机会。平白地说，你错过了亲耳听听男生怎么说关于你的那些优点，他是因为什么而喜欢你，你具备了什么样的品质或特质让同学喜爱。"我是如何做到这些的？我做到的这些，可能连我自己都不曾意识到，却被他人看到了。"这是多么好的一次机会，丰富了对自己的认识，不是吗？

我心里隐隐地相信，只要有合适的机会，你一定有这份勇气，勇敢地想要知道自己更多的闪光点。而这些闪光点与这份同学的情谊，或许会为你的人生成长道路增不少色与添不少力。当你越来越认识自己，喜爱自己，笃定自己，你会散发光芒，会成为一个受欢迎的人。

随着时代的变迁，不同的人经历着类似的事，也会有不同的应对与态度。我和你之间毕竟相隔了近20年，为了更加准确地理解当下时代里十几岁学生的烦恼与困惑，我特意找到心理学的好友们——不同年龄不同生活背景的人，一起探讨你提出的这个情况。我总结了这些真诚的建议，如下：

有人说："能被人喜欢，证明我有吸引力。我知道自己什么方面被人喜欢，我对自己是了解的。同学的起哄、爱闹、开玩笑，无伤大雅，不伤身不伤心，这也是一个集体的活力与自由。我是愿意待在这样的集体中学习成长的。"

有人说："我要清楚自己内心的真实感受，我要清楚自己对这个男生的真实态度。我对这个男生的感受是怎么样的？如果，我喜欢这个男生，我清楚喜欢他什么方面，这个方面也是我自身存在的优点。如果，我不喜欢这个男生，我不喜欢他的是什么？我自身是不是也有相似的特点？"

有一位好友，与家里14岁的女儿沟通，她的女儿说："从这件事中，我要清楚自己要什么，我的态度是什么。"

还有人说："在与男生交往中，如果男生死缠烂打，或有过分的想法与做法，比如性骚扰、性侵犯等。女生要保护好自己，直接表达自己的底线，或寻求家人、师长的力量。懂得自己身体的界限，守护心灵的一片净土。"

可爱的同学，看到这里，当你开始识别不同角度的声音时，萦绕在你心头的浮云，是否散开了一些些？

王艳

## 31 如何让别人明白，我和他只是朋友？

**昵称：要985不要996　　年龄：15　　星座：天秤座**

我是一个初三的女生，性格开朗，人缘较好，与男生关系也不错。班级小陈就是一个我比较投缘的男同学，我俩无话不谈，经常一起复习功课，偶尔也一起出去玩，于是同学们起哄说我们是男女朋友。惹得我们都不好意思在一起学习、聊天了。更离谱的是在老师上课提问题的时候，同学也总是会瞎起哄，导致老师也误认为我们真的是在谈恋爱。班主任还找我谈话，说初三了，学习为重，要处理好正常的同学关系。作为初三的学生，我们的学习压力已经很大了，这件事总影响着我的情绪，从而对我的学习造成了一定的影响。我该怎么办呢？我原本以为我们只是普通的同学关系，一起做作业，一起学习，那都是很正常的，但是在别人眼里看来这都是不正常的，我是否应该离这个同学远一点？但是我又觉得因为这些莫须有的原因，失去一个很好的朋友非常可惜，谁能帮我解开这个魔咒呢？

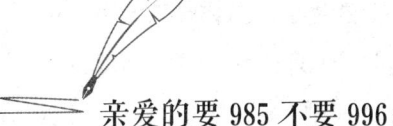

**亲爱的要985不要996：**

你好！从你的昵称就可以看出来你是一个有目标有追求的人，尤其在学业上，对自己有较高的要求。这是很难能可贵的，因为不是每个人都有明确的目标。而且你的性格也很棒，开朗活泼，所以你有很好的人缘，跟男生女生都能够相处得好。其实你的性格跟我很像，我也是大大咧咧的，跟男生也比较玩得来，你遇到的问题我也很能够理解。

有人说，中考是人生的一个分水岭。你现在初三，面临着即将到来的中考，会有很多学业上的压力，也很容易被各种各样的事情打扰，但这都是很正常的，谁的成长路上不会遇到一些烦恼呢？我们经历的所有事情都是有用的，不管好的事情还是不好的事情，都将成为我们茁壮成长的养料。所以，遇到问题，我们积极地去面对、去解决它就好了。

那我们就来说一下你遇到的问题：你有一个比较投缘的男同学，你们无话不说，相处得很好，本来这是一件很好的事情，但是班里的同学会起哄，老师也信以为真，这件事情影响到了你的情绪和学习，也影响到了你之后跟小陈的相处方式。

在你们这个年纪，正处于青春期，对异性交往会有好奇，所以同学们对你和小陈会很关注。但是，正是因为在青春期，思想并没有成熟，还不会很好地去考虑其他人的感受，还没有很好地懂得换位思考，站在其他人的角度考虑。这样不成熟的行为会给其他人带来困扰，就像同学们的起哄影响到了你正常的学习生活，也让老师有了误会。

首先，你要能够体谅同学们，作为初中生来说，他们起哄的行为是很正常的，其实也没有恶意。其次，班主任也是为你着想，让你以学业为重，他的出发点是好的，但是毕竟班主任所掌握的情况是不全面的，所以对你有些误解。或许你可以把内心的想法及这件事情给你带来的困扰告诉班主任,在听过你的真实想法后,他一定能够理解你。可能你觉得改变老师的想法容易,但是改变同学们的想法很难,如果同学们还是瞎起哄怎么办?

其实在我看来,这是一次很好的机会,能让全班同学更好地了解人际交往。你可以提议让班主任组织一次人际交往主题的班会,甚至你可以参与这次班会的策划,把你自己的经历与烦恼作为一个很好的案例。你可以把自己的想法写下来,或者在交流的环节和大家分享,这样一来,同学们了解到你的烦恼的同时,自己也能够收获成长。

人生不如意十有八九,在生活当中,我们时不时会遇到影响情绪的事情,这个时候应该怎么办呢?拿我自己来说吧,我会有一个写日记的习惯,通常我会准备两个日记本,一个用来记日常的事情,一个用来记录负能量的事情。把不开心的事情写下来,自己给自己分析,自己给自己加油打气,等写到日记的末尾,基本都是"加油,明天又是新的一天!""奥利给,我最棒!"这样积极向上的话了。所以写日记不失为一个化解负面情绪很好的办法。除了写日记,我偶尔还会跟要好的朋友吐槽,其实当我叽里呱啦一大堆把我的不开心说出来之后,即使对方帮不到什么,我的心情也好很多了。或许你也可以试一试我的办法,希望我的一些赶走坏情绪的办法会对你有用。

至于之后该如何和小陈相处,我同意你的想法,因为一些莫须有的原因而失去一个好朋友是很可惜的,你们完全可以继续做好朋友,能够相互学习、共同进步,何乐而不为呢?我们每个人都应该清楚自己在干什么,在做选择的时候也都应该权衡一下利弊,自己考虑明白之后,那就"走自己的路,让别人说去吧"。我相信在班会之后,同学们会认识到自己行为的不妥,而且对人际交往,包括异性交往会有更理性的认识。

亲爱的要 985 不要 996，那今天我们就聊到这里，我希望我说的这些能对你的疑惑有所帮助，希望你今后遇到烦恼也能够很好地化解。

快乐的小鱼

## 32　女同学被家暴了,男同学能帮助吗?

**昵称:去塞伯坦看日出　　年龄:14　　星座:狮子座**

一次偶然的机会,同学们在微信群里讨论家暴,可能我发表了很多"高见"吧,同班的女生妍就主动与我私聊,告诉我她常常被父亲家暴的事情。我听了非常震惊,就下决心帮助她,我要重塑她对生活对未来的信心。可能是老师们觉得我和她关系太近了不好吧,每当课间我到她身边,老师总是让我回到我自己的位置上去。老师虽然没说什么,可这个态度就是把我们当成了"早恋"。我把这个情况跟信得过的老师谈,可这位老师也觉得这件事不应该由我插手,觉得我没有能力解决这样的事情。说我若插手,会把事情搞得更加复杂。可是,若谁都不主动帮助妍,她的问题该怎么办呢?未成年的男同学,就不能帮助女生捍卫她自己的正当权利吗?

**去塞伯坦看日出：**

你好！很高兴收到你的来信，我想你一定是个富有正义感又热爱生活的男孩子。青春期总有诸多敏感的事宜，叛逆、激情，还有老师最担心的"早恋"。你们这个阶段的老师，除了要负责你们的教学之外，更紧张你们的生活，一些"风吹草动"，他们便"草木皆兵"。这样说的话你是不是更能够或者说更愿意尝试着去理解老师？

托尔斯泰在《安娜·卡列尼娜》的开篇中写道："幸福的家庭都是相似的，不幸的家庭各有各的不幸。"一个不幸家庭的痛苦，作为一个"外人"可能根本无法理解。家暴所带来的身体创伤可以很快愈合，可是给心理留下的阴影却很难驱散。值得庆幸的是，小姑娘没有一人忍受，而是选择告诉了同学，告诉了你。我在这代她对你说一声"谢谢"，谢谢你的倾听，谢谢你的仗义执言让她的心得到了安慰。在她软弱、惧怕、哭泣的时候，是你让她知道这个世界总会有一束亮光能给人指引方向、给人希望。

可是，对家暴这件事，目前我国还没有比较完善的配套的预防措施，缺乏执法监督制度。在立法上，保护家庭成员人身权利，制止家庭暴力的法律分散于各个法律之中，原则性强，可操作性差。这一点真的很遗憾，仅仅一部《中华人民共和国反家庭暴力法》无法给她带去足以有震慑力的保障。在具体生活中，家暴的范围很大，不仅仅是肉体上的"拳打脚踢"，还有精神上的"冷暴力"。以你现在的阅历也无法去判断及帮助。

法律是讲究证据的，不是光凭你同学口说"被家暴"，法官就予以采纳。需要伤口照片、医疗证明、施暴工具等去证实。当然，在搜集这些证据的过程中如果被女同学的父亲知道了，你有想过她能承受更甚的"怒火"吗？更重要的是，家暴是一项"亲告罪"。通俗点说，也就是只有她自己提出，法院才可以受理。那位女同学是否有足够的勇气与决心把自己的父亲送上法庭？

你不要觉得沮丧，虽然你无法帮助太多，但是能帮助的人还有很多。《中华人民共和国反家庭暴力法》第十三条中规定："家庭暴力受害人及其法定代理人、近亲属可以向加害人或者受害人所在单位、居民委员会、村民委员会、妇女联合会等单位投诉、反映或者求助。有关单位接到家庭暴力投诉、反映或者求助后，应当给予帮助、处理。"你可以建议你同学向上述有关单位反映，他们处理这些事情更专业；你也可以建议你同学寻求心理健康老师的帮助。

无论是你还是你这位同学都要相信，没有比"知识改变命运"这条更直接更快速的光明大道了。我相信你们肯定可以顺利走过这段暂时灰暗的日子，走向羽翼丰满的未来。

你的 choc 姐姐

教师惑

## 33 如何充分发挥家委会的功能？

**昵称：爱在西元前　　任教学科：语文　　教龄：3年**

家委会存在的意义是什么？又是一年开学季，面对新学期，面对又长高的孩子，家长们反映现在的班服已经穿不下了。为了彰显班级的特色，班服是一定要做的。找了三位家委会成员开始讨论班服的样式，明确分工后，大家各自进行活动，有的找图片，有的联系厂家，有的商量面料，事情如火如荼地开展着，一切都看上去如预期般顺利。然而，事情并没有那么简单，当我们对几个款式进行筛选时，意见却总是不统一：有的家长喜欢英伦风，觉得帅气、洋气；有的喜欢运动风，觉得实用……几经商量，还是协调不下来，事情只能缓缓。综合几位家长的要求，我对比几种款式，最后采用海军领三件套的款式，既满足洋气，又满足运动，但这样大大增加了我的工作量。确定款式后又在颜色上僵持不下，到最后其实都还是我一个人在办事。怎么才能协调好家委会成员，既能处理简单的事情，又能让他们各尽所能？

**爱在西元前：**

你好！一看你的昵称，我就知道，我们很有可能是同龄人哦！《爱在西元前》是周杰伦的歌哟，陪伴着我走过整个青春岁月。与你一样，我也是一名教龄3年的语文老师，忽然感觉我们好有缘。与你一样，我也曾面临着这样的困惑，这样的矛盾。说好的家委会成员们一起讨论，一起负责，群策群力，最后却变成我一个人的身心俱疲。于是，难免的，心中也会有怨言，感慨一句生活不易……

每当这样的事情发生时，我总会还像个赌气的小孩子一样，意志消沉上几天，怀疑人生好几天。但慢慢的，随着接触到的家长越来越多，遇到的事情越来越多，我开始反思，开始意识到——有时候，面对困惑，我们不妨换个角度想想，或许转个弯，就是海阔天空。我能想到的关键词，便是理解。

首先，理解是对家长付出的认可。

说真的，这个快节奏的时代，当个教师不容易，但是当个家长又何尝容易呢？在朋友圈，我看到家长们晒着他们一大早起床给孩子准备的丰盛的早餐，那时才6点多；在清晨，我看到家长们骑着电瓶车在拥挤的校门口送着孩子上学，或者帮孩子背着重重的书包；在雨夜，我看到家长们撑着伞受着冻在寒风中等着放学后缓缓走出的学生们；我仿佛还能听见，他们督促孩子做作业的声音以及焦急的询问声……更不提，他们还有自己的工作要忙，还有自己的生活要维持，更要操心着自己孩子的成绩。比如我负责的班级吧，刚期中考完，家长大清早就发给我说自己失眠了一夜，因为孩子不理想的成绩。或许，这就是人到中年的不易吧！有时，我会想，如果我也有孩子，如果班级里组建了家委会，我会去参加吗？我的内心是犹豫的，毕竟自己的生活已是一地鸡毛，哪里还有这个工夫去加入家委会，去参与一整个班级活动的筹划呢？所以，那些愿意成为家委会成员的家长们，他们真的很热心很可爱，他们也真的很爱孩子们，他们也真的很不容易！

当我们这样去理解他们时，一切就会柳暗花明了。你看，你们家委会的家长们多好呀！班主任一声令下，有的找图片，有的联系厂家，有的考虑面料……这都是他们热心的体现呀！因为他们所做的事情，是为了整个班级的孩子们；因为他们所做的这些事情，也要耗费掉他们的时间和精力；因为其实他们本可以不管不顾，他们自己本来已经很忙了，帮忙做事并不是理所当然的。哪怕最后事情并没有完成得那么完美，但这个时候，我们是不是也需要夸一夸这些给力的家长们呢？这并非形式主义的赞扬，而是发自我们内心的感激与认可。我们的一句"辛苦了"，会在他们的心中开出一朵花，会让他们觉得自己的所作所为得到了老师的理解。家委会的家长们真的很不容易。那都是一腔热情，一片真心！不要忘记了多多夸赞他们，在他们风风火火为班级出力的时候，在他们一筹莫展毫无头绪的时候，在他们为班级千里奔波的时候。我们的一句感谢的话，可能会是重燃他们积极性的小太阳！

其次，理解是对家长的"放手"与信任。

有时候，我会觉得，班主任当久了，总是爱操心，喜欢事事在自己的掌控中。因为操心，所以我们经常会皱着眉头，板着脸；因为操心，所以样样事情都要亲自来做，可是做了之后，疲惫又会让我们抱怨。就像你所说的，当班服的款式选定发生分歧时，考量到各个家长的需求，你又开始自己动手去做了。但是，我们既然选定了家委会，那么就应该学会放手，学会信任。

每一个家委会中，都会有一个灵魂人物，他组织着整个家委会的运行。所以当发生分歧时，你不妨跟这个人先聊聊，然后让他帮忙去解决分歧，充分发挥领头人的作用。如果，我们一直不放手，反而紧紧地拽住，那么家委会这只风筝,就无法飞得更高更远。家长们也会觉得,一切有班主任在做着,似乎没有了用武之地。可是,我们如果适当放一放手,那么家委会也会积极地运转起来。相信吧,家长的潜力与学生是一样的,他们可以很好地协助班级活动的举行。给他们的空间度越大,他们越能做得好。慢慢的,大家越来越有经验;慢慢的,大家越来越有默契。家委会与班级之间的联结也能越发地紧密。家长也能感受到班主任对他们能力的信任与认可。

当然,我们的"放手",不是意味着就完全不去干预家委会了,我们也可以在适当的时候给出一些建议。比如选定班服款式时,我们可以告知家委会我们班的学生整体风格是怎样的;还可以征询一下同学们的意见,毕竟这班服是给孩子们穿的。我们的引导可以给家长带来一些明确的方向,再接下来,就放手交给他们吧。

最后,还有一些组建家委会和协调家委会的小绝招,想与你分享一下。

第一个小绝招是火眼金睛。何谓火眼金睛呢?也就是我们在物色家委会成员时,一定要擦亮眼睛,探得家长性情。组建家委会之初,我们往往呢,是遵循家长自愿原则。于是,好些家长会抱着满腔的热情,投身于家委会这个组织。但是,慢慢的,有一些家长,他们不吭声、不行动,似乎就成了家委会群里的小透明。有一些家长,平时可能挺活跃,但是班级一有事情需要帮忙时,便有种种的理由推脱。于是,家委会里做事的人,来来去去就是那几位家长,他们难免也就倦怠了。因此,在整个过程中,我们一定要仔细地观察留意,哪些家长可能空闲的时间多一些,哪些家长做事情是真的踏实积极,哪些家长是具备领导组织才能的……当我们熟知了家长性情后,我们在接下来的学期中,可以更好地物色到优秀的家委会成员。

第二个小绝招是人尽其用。家委会中的家长们各有各的才能,有的擅长采购,有的擅长记账,有的擅长文案,有的擅长摄影……所以我们要充分发挥他们的才能。当然,这肯定也是基于我们对家长了解的前提之下。此外，家委会中少不了爸爸呀！他们可是力量担当。在每一次家长各展才能后，我们不单单要私发表扬，更要在群里表扬，还要在学生面前表扬。这样子，小孩子也会觉得，我的爸爸妈妈很厉害呢！亲子关系也能更加融洽。

第三个小绝招是精选活动。一学期下来，我们总是少不了一些家校活动。家校活动即家委会组织班级开展亲子活动，促进孩子、家长、老师三方的和谐统一。那么我们在想活动的时候，一定要精选。一学期的活动太多，家委会成员会太疲惫，他们也有自己的生活要过。一学期的活动太少，班级的凝聚力和文化建设会不够。所以，我们的活动要做到少而精。精在于摒弃形式主义，走心地去组织活动。例如我负责的班级之前开展了敬老院献爱心活动，"孩子为父母烧一顿饭"活动，"给大人过六一儿童节"活动，"互赠书信，见字如面"活动……家委会举办的这些活动，真正走进了家长和孩子的心里。而开展这些活动，家委会的家长们也乐在其中，因为那是有意义的，有价值的。当然，在这些活动开展前，需要我们老师的奇思妙想和恰当引导。

其实，我也是个很多都不懂的年轻老师。面对诸多的教育问题，我依旧会苦恼，会困惑。但我想，我们耐心地慢慢摸索，一切都会越来越好的！我们呈现真实的自我，真诚地理解家长，关爱孩子，我们总会一起慢慢成长的！爱，不仅仅在"西元前"，也在现在的每分每秒呀！

悠悠猫

## 34 如何高效运用微信群？

**昵称：花间一壶酒　　任教学科：语文　　教龄：6 年**

现在，一个个微信群层出不穷。为了加强家校沟通，班级早就建群了，每个家长对自己孩子的要求与关注度也越来越高。但是，由此也衍生了很多烦恼：家长开始在群里指点江山，有些家长太强大，开始对老师的教学工作指手画脚，把自己的想法和要求强加给老师。比如说语文该怎样怎样教，英语又应该怎样怎样教……对于老师的教学方法不仅质疑，还进行批驳，他就认为老师这样的教法是不对的，老师这样的教法导致了他的孩子对学习、对老师有意见。常常在群里转发教育的负面信息。实际上他的认识与言论，也导致了孩子对老师的偏见，进而造成孩子在学习上的懈怠。

作为一个班主任，应该如何正确运用微信群和家长进行良好的沟通？面对同事，我们不能对其他老师的教学方法说三道四；面对家长，我们告诉他，家长应该如何和老师齐心协力，更好地培养自己的孩子。但是收效甚微，作为班主任，我们应该如何来调节呢？

花间一壶酒：

你好！很高兴你能和我分享你的困惑。对于微信，我们又恨又爱，爱的是拉近了家校的距离，使我们的沟通更便捷；恨的是它给我们班主任工作带来了压力，酿成了更多潜在的矛盾。我也有类似经历，家长伴随着孩子在校的反馈表现，焦虑加重，在微信群里发一些不妥当的信息，使老师紧张乃至气愤，迫使我们拉黑屏蔽这些家长的微信。老师与家长的不良沟通，会造成孩子自卑与自负两个极端。你迫切地想要使班级微信群发挥积极作用，有效地营造和谐民主的家校氛围，更好地在班级管理中实现老师与家长的良好沟通，从而传播正能量，点燃更多的正能量。说明你是个特别有责任心的老师，这一点真的很可贵。

不瞒你说，我在班主任这个岗位上有18年了，也积累了一定的经验，但社会在不断进步，班主任工作遇到的问题也愈来愈复杂。为此，我经常静下心来，向有经验的老师学习，得到了不少收获。多年的经验告诉我们，作为一个班主任，你要先学会沟通，也就是学会说话。恰当巧妙的表达，不但能帮你解围，还能赢得人们的信任和支持。

我利用微信群做了以下三件事，效果不错，跟你分享。

第一，在规则下拉近家校距离。我在本学年新建两个班级微信群之后，就马上引导家长给群起名字、制定群里的发言管理条例。最后，"咱们一（1）班的根据地"和"一（1）班体育打卡专用群"正式"开张"啦！为了方便大家互相认识，增加群的亲和度和公信力，我督促全体家长必须按照"孩子姓名＋爸爸或妈妈"的"备注名"形式修改自己的群名片，确保了表达的真实性、微信群的正面性。我经常在群里说"我们家"，把微信群当作一个大家庭。在我的带动下，家长们秉着真诚、和谐共处的原则进行交流。

轻松愉快的交流,让我的工作极为顺利地开展。

班有班规,群有群规。我建议你制定符合班情的"群守则",要求家长们遵循群内规定,从不在群内发表自己片面的观点,遇见自己孩子成长的问题尽量私聊,不在里面发布与孩子成长无关的信息。私底下,你可以同个别热心的、富有正义感的、有一定声望的家长说好,请他们关键时候助你"一臂之力",有力地扭转班级的舆论走向,有效地发挥班级微信群的正能量。

第二,在鼓励中助力榜样教育。我请家长发送孩子们当天书写的得三星的作业照片和练习册的照片,及时对孩子的闪光点进行点名表扬。这个办法真好用,从第二天的作业情况来看,同学们比以前认真了,书写也更规范了,正确率都高了。一位家长告诉我,这个方式让她有了"危机感",感到自己孩子和别家孩子的差距。她向我表示,从今天起,和孩子一起琢磨书写,努力赶上书写工整的孩子。后来,她确实做到了,孩子也有了明显的进步。另一位家长发来微信:"自从老师要求孩子们把三星作业照片发上来,儿子书写特别认真,希望自己的作业也能通过这个方式得到表扬。"当天我就给了这个孩子一些中肯的意见,并郑重地给他的作业打了大大的三星,再三叮嘱他"一定不要忘记发微信"。我发现,这以后孩子举手特别自信积极,连走路都哼着歌呢!

谁都喜欢听好话,那我们就多表扬,变着法子表扬。你可以利用人的这一心理,在群内多多使用鼓励机制,在"润物细无声"中,让微信群成为家长交流信息、互相学习、传递正能量的阵地。这样,家长明白了你的用意,他们的心都会慢慢向你靠拢,积极配合你的工作。

第三,在感动中充实群聊时刻。如果班级群戾气、怨念要冲破规则怎么办?那么不妨试着用感动填充群聊。平时,我们可以多给孩子们拍照,去捕捉、记录那一个个感动的瞬间,去树立起一个个鲜活的身边好榜样。

这样，孩子们知道自己受到老师的关注，内心会更加阳光，学习更有活力。比如说，当你看到这一幕幕时：小 A 弯腰去捡地上的纸屑，小 B 扶起摔倒在地的同学，小 C 和小 D 满头大汗地清洗垃圾桶……你可以把他们的照片发到群里和朋友圈去，让更多的家长"粉丝"去关注、去点赞，从而以点带面，取得榜样教育效果的最优化。当群里满是美好与感动，不和谐的声音就显得无处安放了。

当然，不和谐的声音也有它的理由。掩盖不和谐的清屏行为虽然让班级群看起来柔和多了，但某些群里的家长心中还是会有不满。本着一切为了孩子的目的，我们一定要及时私聊，共同解决矛盾。

亲爱的花间一壶酒，作为班主任，在"班级微信群"里响亮"发声"确实不易。咱们要学习的还有很多很多，明确自己的角色和责任，提高自我领导力和影响力，努力做称职的班级发言人和班级管理者。"好风凭借力，送我上青云。"只要我们方法得当，微信群一定能"微"出一片和谐天地。

肖斐

## 35 家长让我管分外事,怎么办?

昵称:沧海一粟　　任教学科:语文　　教龄:15 年

我也算是一个老班主任了,可小雨奶奶每周一次的来访让我还是有些吃不消了,每次看见她进来,我心里总发怵。小雨是我班上的孩子,听话、上进,表现一直都很好。可进入初二后,小雨有好多次周末作业未完成,上课也常常发呆,平时也精神不振,一看就是出问题了,我多次问她,可是她什么也不说。直到她奶奶来找我,我才知道小雨的父母正在闹分居,小雨很害怕父母离婚,因此魂不守舍。小雨的奶奶费尽心思,也劝阻不了儿子与儿媳之间的分居。于是,她流着眼泪让我劝劝小雨的父母别离婚,因为小雨奶奶说老师的话最管用了。看小雨和奶奶那么焦虑,我也很想帮忙,可是,又觉得这并不是我班主任分内的事啊。再说,这话也不好开口。于是,一直没说。然后,小雨的奶奶就每周以问小雨的学习情况为由,来办公室求我。我该怎么办呢? 能不能说? 怎么说?

**沧海一粟：**

看完你的困惑，我似乎看到了一个处于焦虑状态的你，一个无能为力的你，此时真的很想拥抱你，作为一名班主任真的太不容易了。看得出来，你很想帮助这个孩子，帮助奶奶，挽救这个即将破碎的家，解决学生小雨面临的所有问题。所以，一直有个声音在你脑海里盘旋："我该怎么办呢？能不能说？怎么说？"我想，其实你内心是知道答案的，但是孩子的变化和奶奶的泪水让你于心不忍，有了徘徊，有了挣扎。都说"清官难断家务事"，更何况我们只是一个老师，一个班主任呢？

那么，"我该怎么办呢？能不能说？怎么说？"要知道，家长的矛盾根本不是我们一个班主任能够解决的，不是吗？我认为，任何一场"分手"都是蓄谋已久的，可以说矛盾不是一天两天才形成的，一定是长期以来的积累。小雨的父母之所以没有办法继续生活，一定是他们的婚姻生活出现了问题，让他们在婚姻里不幸福、不快乐，他们想结束这样的婚姻生活，重新追求幸福。你说呢？这真的不是我们当说客就能解决的啊。你肯定要说，难道我就看着小雨继续魂不守舍、成绩下降？难道我就看着奶奶以泪洗面、苦苦哀求？不，当然不是！我认为，我们作为一名班主任还是可以有所作为的。那我们能做什么呢？我认为可以从以下几个方面做工作：

其一，我认为可以关爱小雨。当然，我也看到了你多次问她，可是她什么都不说。这就需要我们去思考：是什么原因使得小雨什么都不说，无法打开自己的心扉，接受你的关爱？是不愿意让同学们知道她的家庭情况，是不愿意提及伤心事，还是不相信老师能够帮到自己？……所以，作为班主任首先应该关注小雨，无条件地接纳她，让她感觉到自己并不是孤立无援的。只要我们尝试走近孩子，孩子就会慢慢打开心灵。那至于怎么关注？我认为，我们不一定要问出"为什么？怎么了？"其实一开始，孩子对这个回答一定是抗拒的。但是我相信，你作为资深班主任，一定有很多办法关爱小雨。比如邀请孩子来家中做客，辅导孩子落下的功课等，从孩子的实际需求入手，让孩子感受到班主任是和自己站在一起的，能理解认同她的情绪、情感的。只要孩子愿意诉说，愿意求助，那就是一个好的开始。

其二，我认为可以帮助小雨父母。也许，你会疑惑，孩子父母的事情我们都无法干预，谈何帮助呢？其实我这里说的帮助就是让家长知道：既然离婚成为现实，对孩子的伤害也已形成，怎么做对孩子的伤害才能降到最低。这是我们大家都希望的，毕竟在整个事件中，孩子才是最无辜的。

每个孩子都渴望有一个完整的家，有相亲相爱的爸爸妈妈，一家人幸福地生活。然而大人的情感往往不是孩子所能左右的。所以，我们要让孩子知道，虽然父母分开了，但是父母对孩子的爱从未改变，只是父母需要改变生活方式，可以更加幸福地生活。这一点，是需要我们班主任帮助家长明确的。要知道，一个争吵不断的家庭带给孩子的伤害远远大于离婚家庭带给孩子的伤害。所以，班主任要和家长达成一致的是：好好说分手，千万不要在孩子面前相互指责。两个人当初走在一起组成家庭一定是因为爱，那么现在分开，也可以是因为爱。家人的关系是因为孩子的存在而维系的。只有这样，对孩子的伤害才会降低，孩子在今后才有追求幸福的能力。

其三，我认为可以安抚奶奶。奶奶是家中的长辈，她一定特别不希望这个家破碎，但她肯定更不希望自己的儿女下半辈子生活不幸福。所以我们作为班主任，面临奶奶的到访，不妨从这个角度去安抚她。我们都知道，奶奶为了这个家庭的完整，一定付出了很大的努力，也做了很多尝试，最后不是越帮越忙，事与愿违吗？所以奶奶是时候放手了，小雨爸妈的问题还是让他们两个人自己解决，毕竟幸福是"如人饮水，冷暖自知"。

　　亲爱的沧海一粟，说到这，我也不知道自己的建议对你来说是不是受用，如果你没有这样尝试过，不妨试一试，毕竟在家庭问题这方面，我们作为班主任能做的真的很有限。每个人都是在不同原生家庭成长的，改变起来太难了。有一点大家的想法都是一致的——希望小雨幸福快乐成长。基于这个，我相信，作为班主任的你和家长包括小雨奶奶一定会携手共进、积极合作的，形成一股合力，让孩子更快乐、更健康！加油！我相信你，一定会看到"雨后天晴"的。

LX 浮萍

## 36 家长平时不管,出事了乱管怎么办?

**昵称:向日葵**　　　　**任教学科:英语**　　　　**教龄:11年**

这几天,我们班小浩的爸爸跟我通了好几次电话,昨天晚上还到我们学校找我,看得出来他近来很焦虑。小浩爸爸平时在外经商,小浩的学业和生活都是妈妈照顾的,跟我联系的一直也都是小浩妈妈。这次他爸爸突然找我,是因为他觉得儿子出大问题了,再不好好教育就完蛋了。原来,这个周末回家,他发现儿子在家偷偷抽烟,他严厉制止后,小浩不但不乖乖听话,还跟他顶撞,甚至把手机和门都摔破了。我每一次都很耐心地跟小浩爸爸说,要尊重孩子,多懂孩子的内心和需求,对青春期的孩子不可莽撞教训。可他爸爸总是沉浸在他自己的愤怒里,总觉得自己在外为家庭打拼,回家还得给儿子当"孙子",自己的儿子竟然打不得、骂不得,这样不学好的儿子已经不可救药了,不要也罢。他一次次地问我该怎么办,可是我跟他提的建议他根本就听不进去。像他这样平时不管孩子,孩子出了点问题又往死里管的家长,我该怎么跟他沟通呢?

亲爱的向日葵：

读完你的困惑，深深地被你感动。你不但关心着小浩，还关注小浩爸爸的情绪和育儿方式。只有真正热爱教育的人，才会为学生的事如此上心，也真为小浩高兴，能遇见你这样的好老师。

遇到焦虑的家长，怎么办？这确实是现在好多班主任感觉棘手的问题。

首先，我们要问问自己，家长出现问题，要不要帮？刚工作的时候，我们可能会想，孩子才是我们的教育对象，家长出现各种问题，并不在我们的工作范畴之内，我们的界限要清晰。说实话，我在前些年确实也是这样想的。可是，现在家长的焦虑情绪普遍存在，很多时候我们发现，家长的问题没处理好，孩子就很难好。因此，我们在引导孩子成长的同时，如果能够帮助到家长的成长，这肯定是一件好事。

其次，我们还要问问自己，家长出现问题，有没有能力帮？辅导亲子关系，是一门专门的学问，是和辅导孩子成长完全不同的学问，也是一门新兴的学问。我们大学时代读教育学、心理学的时候，并没有专门涉及这一领域，在教师继续教育的时候，大多也没有系统学习过。亲爱的向日葵，从你的困惑中可以看出，你对小浩爸爸的指导实际效果并不怎么理想，是吧？如果几次指导下来，小浩爸爸还静不下心听你的提醒，他还看不见自己的问题，我们不妨推荐小浩爸爸去找学校的心理健康老师，这样，他可以得到更专业的指导。如果你想提高自己的亲子关系辅导能力，也可以通过线上线下的各种学习，使自己在这方面更专业，能帮助到更多像小浩爸爸这样忧心忡忡的家长。

此外，我们还可以问问自己，家长出现问题，我们怎么帮？家长的问题总是和孩子的问题一起的，孩子问题的背后，往往会有家庭的原因。每一个案例，都有它的独特性。在这个案例中，你敏锐地发现了问题的症结所在，小浩的问题，与爸爸有关。那么，怎么才能帮到爸爸呢？

学会共情。我们不妨站在小浩爸爸的角度思考一下，他觉得自己在外为家庭辛苦打拼，付出了很多，却得不到孩子的尊重，他责怪孩子不懂自己的心酸，所以他伤心、委屈、愤怒。对于这位愤怒的爸爸，我们应该多表达出对他的理解，同时也要引导他站在小浩的角度去思考。小浩和父亲聚少离多，是否也在失去父亲的陪伴，也在隐忍？父亲一回家就严厉对待他，孩子作何感想？父亲常年在外，对孩子的关心不像母亲那样体现在细节上，陪伴缺失直接影响亲子关系。这是小浩爸爸面临的实际问题，也是孩子不愿听从父亲建议的原因。亲爱的向日葵，你与小浩爸爸沟通的过程中，已经使用共情技术了，如果用得更到位，相信小浩爸爸可以悟出这点。

学会认识青春期。在小浩爸爸眼里，现在只看得见小浩摧毁旧秩序后一片废墟的惨相，你要让小浩爸爸明白，青春期，在人的一生中是金色的。一个人的三观，小时候是从父母、师长、书籍中得来的，终究不是自己的。青春期就是把旧的都摧毁，摧毁的时候会比较难看，但废墟后建立起来的三观才真正是自己的，是陪伴、影响一个人一生的，自然更有价值。在重塑三观的时候，父母的影响就非常重要，父母三观正、情绪稳定，孩子建立"大厦"的根基才会稳固。小浩爸爸若能认识到青春期叛逆的价值，就不会对小浩的表现产生过激反应。

学会情绪管理。你可以试着让小浩爸爸理解青春期孩子特有的敏感，如果用"阴晴不定""狂风骤雨"来形容他们这个时候的脾气也不为过，有时候他们自己也是难以控制的，尤其在亲人面前会表现得特别厉害。作为家长要理解他们的心理，体谅他们的心情。所以情绪管理也是非常重要的一点，父母的情绪直接影响孩子的情绪。父亲暴跳如雷地处理问题，又怎么能指望孩子和风细雨地解决问题！尊重是相互的，父母和孩子亦是如此。负面情绪，永远只会恶化问题，难以解决问题。因此，你要指导小浩爸爸在和孩子交流的过程中，一定要冷静、温和，"以暴制暴"是危险的举措。

学点沟通小技巧。比如，建议他们父子相约一次能量消耗巨大的爬山运动，或者组织一场酣畅淋漓的篮球，甚至爸爸陪儿子玩一盘电子游戏。亲爱的向日葵，你若让小浩爸爸发现这些小项目的魔力，比如缓和亲子之间的对抗情绪、增进父子感情，相信小浩爸爸就会从生意中抽出一部分精力来放在儿子身上，也许精明的生意人还能想到其他改变父子关系的妙点子呢。你也可以建议小浩妈妈在父子两人沟通的过程中，充当缓和剂，多调节气氛。当他们关系缓和了，小浩爸爸就能和小浩心平气和地交流，而不是凌驾与被凌驾。

等到父子关系调和了，你让小浩爸爸看看，也许小浩就不会再抽烟了呢。德国心理学家、"家排之父"海灵格曾说："所有抽烟的人，他的生命中没有父亲。"这话听起来很玄乎，建议小浩爸爸不妨实验一下，若能在小浩的成长中真的做到父爱不缺席，看看会不会有神奇的事情发生。

亲爱的向日葵，你的名字、你的工作都充满阳光，相信有了你的专业引领，孩子们会更阳光。你的工作，也将真正成为阳光底下最光辉的事业。

楚宁

## 37 怎样才能让学生喜欢我？

昵称：疯马肥羊　　任教学科：语文　　教龄：21年

从事教学已经 20 多年了，一直有个困惑：怎样做才能得到学生的真心喜爱呢？每当有毕业好几年的学生返校来看望老师时，我常在心里感叹，我的学生怎么都不来看我呢？哪怕是以前关系不错的学生也不见有。看见其他老师身边围满了前来叙旧的学生，我甚是羡慕。这么多年的教学经历，我自认为问心无愧，对待学生也是呕心沥血。难道是我自己的教育方法不对？这让我反思起自己带班时的情况，我总是把学生看作是自己的孩子，严格要求，有话直说。几乎所有的时间都在教室里，甚至其他老师上课，我也不放心，还是在教室里"监管"着。我这么兢兢业业，但学生却并不领情。有些老师工作没有我认真细致，去班级的时间比我少多了，学生却偏偏喜欢他，爱听他的话，班风也好。我真不知道，怎么做才能让学生喜欢我。

疯马肥羊：

见字如见人！看了你的困惑，我的眼前好像站着一位严格要求、兢兢业业、呕心沥血的好老师。为了维持你心中的好老师形象，你是不是一走进教室，就板起面孔？或者，你还没进教室，先就把严肃的表情包给装上了？学生很少见过你笑的样子，是吧？

几年前，我也一直是这么想的。学生既怕我，又想亲近我。后来有胆大的学生对我说："老师，其实你笑起来很美的！"我豁然开朗，他们想看到一个真实的我！老师，是一份职业，并没要求我们放弃自己本来的模样。

在班主任工作中，我也不由自主地陷入过那个怪圈，也困惑过，也很受伤。我曾经问过我自己：我想让学生喜欢我，我是否真心地喜欢他们每一个人，还是喜欢我想要他们成为的样子？

之后有一天我读到美国教育家托德·威特克尔写的一段文字："不强求你喜欢每个学生，但要做出喜欢他的样子。如果你的行为并不说明你喜欢他们，那你无论多么喜欢他们都没有用。但是，如果你的行为表现出你喜欢他们，那么，无论你是否真的喜欢也无关紧要了。"从刚看到这段文字时的纳闷、不解，到在一届一届学生身上的实践、改进，我成长了自己，也收获了学生的喜欢。这一段话也成了我最最喜欢的一段话，与你分享！

那么，如何让你的行为表现出你喜欢他们呢？

给予适当的关注。孩子的成长需要我们的关注，关注太多，孩子会觉得失去自由，产生逆反心理；关注太少，孩子会觉得不被重视。度的把握确实很难，但我觉得其他老师的课你不放心，还在教室里"监管"着，这未免有点关注过头了。孩子无时无刻不在你的监管下，又怎么会领你的情！我们都知道，孩子最反感的是长篇大论地讲道理（在错的时间段讲正确的道理），还有就是360度无死角被盯着。

进行有效的沟通。我们或许觉得老师的所作所为都是为了学生，无私奉献都是为了学生的前程，老师的谆谆教诲你应该听进去。但学生可能不这么认为，他们觉得那是你为了我好，又不是我真正想要的，你根本不知道我在想什么以及我想要什么。如此这般的话，所谓的沟通，好像是同一时空的两条平行线，无法交集。由此可见，与学生沟通时，我们需换位思考，站在学生的立场，真正地倾听，真正地理解他们，去理解他们心里的感受，让学生感受到我们的理解，我们的建议他们才可能更乐于接受。

省视彼此的关系。现在的学生，他们的认知能力发展了，自我意识增强了，情感世界也丰富了，各有特性。他们希望获得成功，特别在意他人对自己的看法，希望赢得别人的尊重。他们认为自己与老师之间应该是平等的，亦师亦友的关系。想与学生建立良好的关系，我们还要学会真正接纳学生。每个学生的家庭背景、生活习惯、个性、能力、优缺点等等不尽相同。金无足赤，人无完人，我们要学会理解学生的不同，接纳不同风格的学生。

拉进内心的距离。日常生活中多多了解学生中流行什么，学生真正喜欢的是什么，他们喜欢的话题又是什么，这样，我们才能跟学生有话可说，有天可聊。

有些学生可能想与老师有所交集，但是他们又比较内向，我们不妨放下姿态，展现出最美的笑容，靠近并走进他们的内心世界。会有这么一天，他们兴奋地跑过来和你分享自己的喜怒哀乐。而那一天，正是你们心与心靠得最近的一天。

总之，你平时的工作那么细致，学生心里其实都知道你的心意。只不过用流行语来说你就是太"高冷"了，反而给学生一种拒人于千里之外的感觉。如果你想改变，不妨就从现在开始吧！以更温和的方式，让他们更能感受到你的真诚。

　　时至今日,那位大胆的同学的话还在我耳畔久久回响:"老师,其实你笑起来很美的!"真诚,其实很简单,笑就足够了。当然,也没必要要求自己做很多改变,做你自己,我们想看到的还是原来的你,一个更柔和、收放更自如的你!

我想静静

## 38 男生囤鞋,怕形成攀比风,怎么办?

**昵称:胖大海不怕咳　　任教学科:语文　　教龄:7 年**

我们班有个男生,喜欢囤各种各样的鞋,且每双都价格不菲。有时候因为父母不给他买,他就和父母闹脾气,父母拿他也没办法,为了省点心,都由着他,只要他"听话"就好。在家里,他一个人的鞋子都快可以办一个展览了。在教室里,他也会时不时低头看看他的鞋,还擦一擦、摸一摸他的鞋,就像对待自己的"小媳妇"一样。在课桌里,总会藏着另外一双鞋,时常要换着穿。桌子底下,还会有一双鞋。每天,就这么三双鞋陪伴他。有段时间,我发现他的旁边总围绕着一些男生,原来他和同学们之间还有"生意"往来,很多学生跟着他一起买鞋。

我也很矛盾。按理说,校服校裤都统一了,难得鞋子还能彰显孩子的个性,这是他们的自由。然而不加引导,又会影响同学的消费观念,甚至会形成攀比风。真不知道该怎么处理才好。

**胖大海不怕咳：**

你好！我为学校里有你这样的老师而感到欣慰。很高兴能够帮你出谋划策，希望我的回信能够帮到你，正如你想帮助这些孩子一样。

你提到的这个男生，其实是很多学生的缩影，他们追求"潮流"，喜欢通过与众不同的穿搭来彰显自己的"个性"，这本身没什么错，但到了最后，这种"追求个性"就发展成一种攀比，进而造成了一些不良的影响。那么这种现象是什么原因造成的呢？我们又应该怎样解决这种现象呢？我想我们做一番探讨是很有普遍意义的。

首先，我认为造成这种现象的首要原因，是来自这个男孩的家庭教育。他的家长没有很好地引导他，而是通过一次次满足他的要求来逃避这个问题，这也就造成了这个男孩错误消费观念的形成。如果仅仅通过"闹脾气"这种方式就能得到自己想要的东西，这会在男孩的心中播种下"不劳而获"的种子。这个男孩现在已经是一个初中生了，照理来说，用撒泼打滚来达到目的的行为是心智不成熟的小孩子才做的事，可见这个男孩的父母一直疏于管教，逃避问题。估计男孩的父母已经和你反馈过他们的无能为力，那么作为老师的你能做的也许是提醒他们思考一下："短时间的省心"和"长远的麻烦"二者应作何选择？我也不能提供十全十美的方法，作为参考建议，不妨让其父母与孩子约法三章，根据自己家庭的经济状况和男孩的现状设置一个个目标来给予对应奖励，孩子想要得到奖励，就要先达到设定的目标，这样也可以达到激励孩子学习的目的。不再让孩子不劳而获，而是让他知道，只有付出才能得到回报。如果孩子再闹脾气，可以采取冷处理的办法，让他发泄完之后再好好和他交流。

其次，我认为这种现象体现了这个男孩的认同感和自信的缺失，而这是我们学校和老师可以多做些工作的地方。许许多多的初中生,他们买各种价值不菲的鞋和衣服,其实大多是想找到自信和认同感。俗话说得好:"话是拦路虎,衣服是瘆人的毛。"我们对他人的第一印象其实大多缘于这个人的外貌和穿着,衣着所体现出的个人气质会改变我们对他人的态度。这些同学认为穿上昂贵的衣服鞋子,就等于穿上了自信,能得到他人的尊重,殊不知,这恰恰是自卑的表现。这种错误观念的形成,一部分来源于自己,一部分来源于社会。一方面,他们自身或许学习成绩不好,或许他们不擅交际;另一方面,当今社会拜金风气盛行,往往都是从物质财富来评价一个人的好坏。你是语文老师,在这方面也许更有机会和学生交流。或许你可以找机会和这个男孩谈谈,了解一下他对一些事情的看法,聊聊这个年龄的烦恼和梦想,帮助他找到自信和自我认同感。

结果很有可能是——不论是和他父母交流,还是和他本人沟通,效果都不是很理想,但也请你别气馁,更不必责怪自己无能。毕竟,这些问题不是一日两日生成的,而且也不是这一个男孩特有的问题。你做了身为老师能做到的努力,我相信家长和孩子都会感受到你的这份用心。也许,需要过一段时间,一切都会好起来。而这一切都因为你曾经努力过。

祝工作顺利!桃李满天下!

愉博

# 39 被学生当众顶撞怎么办？

**昵称：湖　　　任教学科：体育　　　教龄：29 年**

　　我们体育老师上课的地点是在大操场，场地空旷，老师如果没有威严，就很难管住学生，他们会连集中起来都不愿意。所以，我一直都很看重体育课的组织纪律性，那是学生上好课的前提。这么多年工作下来，虽然风吹日晒很辛苦，但课堂的有序还是带给我一定的成就感。可是，现在的孩子也不知道是怎么了，讲话随便，就是不懂上课的规矩。就像上个星期二，我上到第四节课的时候，已经精疲力尽。那节课是训练耐力跑为主，班里几个胖一点的男孩子懒得跑，就在那里慢走。我在旁边不断地督促，吹哨子，鼓励他们加油。没想到其中的小航竟然当着同学的面吼我："干吗总是叫叫叫，你让我们跑，你自己为什么不跑？"那一刹那，我真是血脉偾张，我第一次被学生这么冲撞，并且是当着其他学生的面，我这老脸真是没地方搁。我下不来台啊，到底是我怎么了，还是现在的孩子怎么了？

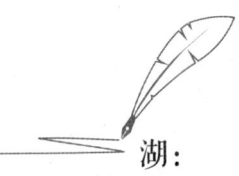

湖:

你好！看到你的名字，我不由自主地想起了月光下森林边一片静谧的湖面，那真是我们心灵理想的憩息地。然而，现实中总会有让我们的心灵难以安宁的时刻，看了你诉说的困惑，我的心一下子就被触动了。是啊，当我们竭尽全力，却被自己教的孩子"怼回去"的时候，怎么能不苦恼呢？

在校园里，我也多次见过兢兢业业的同事被孩子"怼回去"的时刻，我自己也经历过两回，所以，你的困惑也是我曾经的困惑，我曾为此思考过很久，却难以解开。但前不久，有位老师的几句话，却让我豁然开朗。现在，我就结合自己的思考，跟你分享一下用"角色迁移"四步法解你的困惑，希望能够帮到你。

第一步，把孩子当成孩子。孩子的特点，痛了要叫，饿了要哭，累了要赖在地上，身体不舒服了就要闹腾。孩子和成年人的区别，主要就在于他的"社会属性"还没有培育好，他更多体现出的是"自然属性"，所以，在很多语言中，孩子的第三人称，用的是"它"，和小动物没什么大的区别。

湖，我们不妨就把小航当成孩子，事实上，他除了是我们的"学生"这一身份外，还真是名副其实的"孩子"。如果我们把小航从"学生"身份迁移到"孩子"身份，你就能发现，上到第四节课了，你精疲力尽了，经历了高强度耐力训练的小胖子小航肯定早就"歇菜"了：他"胖"的体型，意味着他平日少锻炼，而且需求的热量又多，消耗量还比普通同学大。此刻，他就像阳光下的冰激凌，绵软得再也没有耐力奔跑了。湖，你是有丰富经验的体育老师，你知道做一个"像风一样的少年"几乎是每个男孩子的梦想和骄傲，可此刻小航的"冰激凌"状态让他对自己多沮丧啊，身体的极度不适，会带来心理上的种种负面情绪，此刻的他，不冷静、不理性、自私、偏执、对抗和无礼。

此时，如果我们在心里把"学生小航"的角色转移为"孩子小航"，就会知道孩子小航此刻身体难受，孩子小航不懂遮掩，孩子小航要乱叫。我们尝试着用理解、宽容的心去面对小航"出格"的言行，再去探究他的身心需求，我们就有机会"对症下药"，做一个老师该做的事情。

第二步，把孩子当成大人。湖，我们不妨再次迁移角色，在心中把"学生小航"再看成"大人小航"。如果小航是我们的朋友，是让你帮忙制定、监督健身计划的同事，甚至是想要减肥塑身的校长，我们想想，面对"大人小航"实在难以坚持下去的时候，我们会怎么样呢？

大人对待大人，彼此讲究的是尊重，这是成人世界人际交往的规则。想着"大人小航"，我们可能讲话就会更加慎重了，我们肯定是要充分考虑言行的后果。我们就会细致地考虑到，我在他最难坚持的时候，我该怎么说怎么做，才能不伤害"大人小航"的自尊心，又能鼓励他。

我们也许仍会在"大人小航"的旁边不断督促，吹哨子。但，想着他是"大人小航"，我们吹哨子时候辅以的小动作会不会不一样了呢？我们的表情会不会灿烂一点，我们的言语会不会温和一点，我们的肢体语言，会不会柔软一点，就像健身房教练对待客户那样。现在那么多成年人愿意花钱到教练那里"受虐"，除了教练的专业素养，恐怕和教练"柔软而又坚定"的态度也分不开吧。如果我们对待"大人小航"的态度让他觉得如饮甘霖，小航会不会就能生长出新的力量坚持跑下去呢？

第三步，把自己当成孩子。湖，我们也可以把自己的"老师"角色迁移成"伙伴"角色。伙伴，就是在一起玩的，不管是文化课的教学还是技能课的教学，我们都可以把自己当成孩子的伙伴，去切身感受孩子的知识起点、情感价值起点，跟孩子在同一个起点，就会更加懂得孩子的需求，我们的课堂设计就会更加接地气。

把自己当"老师",我们追求的是课堂的"有序",靠纪律约束孩子,培养的是"他律"能力。懂得服从,也是人的社会属性之一,你的努力卓有成效,就像你说的,有序带给你成就感。如果把自己的角色迁移成孩子的"伙伴"、同龄人,我们追求的是课堂的"有趣",有趣的课堂,孩子们才会被深深地吸引。比如,训练耐力跑的时候,课堂上多一些游戏活动,像"折回跑"、400米变速跑、接力赛跑、老鹰捉小鸡、撕名牌等。

如果我们体力不够,可以不和他们一起比赛,但作为"伙伴",我们可以帮忙制定规则,组织秩序,调整节奏。湖,如果你偶尔"老夫聊发少年狂"一起参与游戏,你会很开心,孩子们也会翻倍地开心呢。在玩耍中不知不觉育了心,又何愁完不成教学任务呢?"有序难练","有趣难寻",你的有序课堂多么难得,如果加入"有趣"元素,会有多好。

第四步,把自己当成大人。我们不妨再把"老师"角色迁移成"成年人"角色,成年人,是已经完全发育成熟的人,既指身体的完全发育成熟,又指精神的成长和人格的丰满。清醒、理智、沉着、宽容,是对我们每一个岗位在课堂上的成年人的要求。

"大人"看到孩子不够努力时会怎么做呢?"大人"的第一反应,就是从孩子的不尽如人意的表现中努力发现闪光点:小航是跑慢了,后来还变跑为走,但小航还在跑道上坚持;小航跑的速度是还没有达到及格线,但对于小胖子小航来说,也已经很努力了;小航这回是言语出格了,但平时小航嘴巴可甜了,大老远就会喊"老师好"。

"大人"看见孩子为自己的偷懒行为争辩,甚至用愤怒的语言怼你,"大人"内心涌动的第一感觉可能不是血脉偾张,而是"这小子,还闹脾气了,还真是个孩子",大人会一边嗔怒,一边去拉他"来,我们一起跑"。我想,"大人"之"大",就在于有大胸怀、大气象、大格局。"大人"应该以他的"大"来鼓励"小孩"面对困难,磨砺坚韧的品格,继而培育可贵的"精神属性"。湖,你说对不对?

怎么样?走完"角色迁移"这四步,你心中的疙瘩有没有解开呢?诗人说,湖是大地的眼睛。湖的内心清明了,大地的眼睛就明亮了,大地上的孩子也就闪亮亮了。

祝安好!

小蜗牛

## 40 如何处理学生之间的"玩笑"?

**昵称:萍水相逢　　任教学科:科学　　教龄:18 年**

琪是让老师既喜欢又放心的女生!琪在理科学习上有骄人的成绩,考出的成绩不是第一,就是第二,所以大家都很羡慕并且佩服她。

昊一直是我的得意门生,但这一天,昊一脸怒气地冲向办公室向我求助。只见他怒道:"琪上午又摸了我的头,你要好好管管她了!""为什么一个女生要摸你男生的头?"我也觉得好奇,平抚下昊的情绪,听他诉说其中的缘由。

原来,琪与昊是竞争对手,两个实力不相上下,好几次大考,昊的数学成绩都超过了琪。后来,琪有一次在数学考试前,笑嘻嘻地对昊说:"我今天要摸一下你的头,将你的好运吸引到我身上。"不等昊反应过来,琪摸了昊的头就开心地跑去考试了。那次,琪确实超过了昊。琪暗自得意,屡次得手。这次马上要市统考了,琪趁昊不注意时,又去摸昊的头,终于引来昊的怒火。面对笑嘻嘻的琪,气冲冲的昊,我是该当作玩笑一笑了之呢,还是该郑重地解决呢?

**萍水相逢：**

您好！我很赞同您在这个问题上慎重考虑的做法，琪和昊两人都是优秀的学生，他们对老师评价的重视程度会明显高于成绩一般的同学。

毫不夸张地说，在班集体这个缩略化的小社会里，老师就是最高级别的意志，学生间下意识的优劣分层，最直观的因素在于他们自身的成绩和老师的态度，其中老师话语和行动的影响力、凝聚力、舆论引导性更强。所以建议私底下处理，不能让其他同学歪曲成更离谱的是非。

对初中生来说，男女生相处不会过于偏激，但是同学们对于男女生关系是非常敏感的，可以说是教师干涉的重要"雷区"，如同排雷一般需要格外地小心翼翼，不然对处在事端中心同学的心理压力有很大影响。

您所叙述的事例在校园普遍存在，同学之间在考试前，的确有人会和自己认可的学霸握握手、摸摸文具，要好点的同学会拥抱，这是想沾点"学霸的气息""被学霸保佑"等玩笑和真诚兼并的积极想法，是学生自己缓解考试压力的有效方法。

但是，当学霸产生明确的抗拒和不快，并向老师提出时，老师不应该一笑了之。因为这件事情的性质已经从双方积极演变为单方消极，也容易导致双方消极的局面。

如果一笑了之，昊同学会感到自己不被重视，内心因为成绩好而构建的自尊也会有所受伤，所以应该郑重地解决。

怎么解决呢？让我们先从两位同学的心理来进行解析。

对于琪来说，这是一个小事。作为理科成绩优异的女生，她本来就拥有在男生面前自信的资本，这也是非常不容易的。同样，此类对自己的理科有着充分自信的女孩子，能认可的男生也往往会是理科好、与自己可以切磋的。琪在数学考试前去摸昊的头，本身也证明了她对昊的欣赏。"吸好运"的确是玩笑的说法——成绩好的学生自然不可能只靠玄乎的气运，他们的实力大家自然有目共睹。琪那一次超过了昊，我相信并不是运气的干扰。关于玩笑，昊原本大可以用玩笑回击。（比如说"反弹""噩运传递哈哈"等性质相同的玩笑回答。）

　　昊的抗拒也是可以理解的，身为科学顶尖的男生，理科整体绝不会弱。他的自尊自信可以说与琪不相上下或者甚于琪。而"男人的头摸不得"并不是毫无根据的流言蜚语。或许有人会说："这么点大的孩子，这么点玩笑还开不起？"很抱歉，学生的世界还不够大，能带给他们自信心和骄傲的就这些事情，一旦被无意踩进雷区，撼动的就是他们的整个世界。头部是一个人蕴藏根本主权意识之处，对于男性来说，往往是长辈才会抚摸晚辈的头。头部被他人任意接触，如果并不是要好的朋友，自然会让他感到自己不被尊重，这个时候若老师再显示出对事情的轻视，就有可能把事情的严重性提升。

　　对于琪，要以温和的口吻告诉她不可以随便摸别人的头，即便这样的举动没有恶意，但不可以把这种有可能让他人不高兴的举动化为没轻没重的玩笑，一旦别人因此而恼怒，玩笑就是一种隐性的伤害。同时，也应认可她阳光向上的心态。在考试前乐于去开个玩笑并且还考得好的同学，往往意味着在大考时会稳定甚至超常发挥。如果琪和昊能相互理解和激励，自然是最好的结局。

　　对于昊，安抚好情绪后，给他分析，让他明白琪的举动表达的是欣赏和男女生之间值得褒奖的良性竞争。只需要说说琪的举动绝非恶意，再谈谈琪和昊双方的优点和缺点，会让昊达到心理上的平衡。但是，要暂时模糊一下二人在性别上的差距，比如"你是男生应该要让着女生"等话还是尽量少说，因为昊感觉自己受了气，并且已经主动退让和容忍了琪不止一两次触犯他的行为,这个时候不应再用性别差异来压抑昊的情绪。

　　同一个班级是一种缘分,在同一个屋檐下学习的日子是值得珍惜的,若凭一方无心的一个举动就伤害到双方的和气,太得不偿失,相信身为您得意门生的他们不用提醒也知晓这一点,所以即便我建议郑重对待,您仍不用太担心。唯一需要注意的是,若找他们交流,尽量避免同时叫,或是避免让其他同学传话。把事情压缩成天知地知你知我知,是最能从正面保护两位优秀学生的方式。

　　谈话和举动都建立在维护学生自尊的准则上,看到学生的优点大于发现他们的缺点,把这一份善意传递,是教育所应有的核心。

　　祝好!

过午

## 41 听不懂学生说的"话"怎么办?

昵称:千山暮雪　　　任教学科:语文　　　教龄:25年

　　我的苦恼有些难以言说。身为语文老师兼班主任,我竟然常常在课堂上听不懂学生的话。有时候,我们正上着课,探讨着很正常的话题,突然全班同学都止不住地笑了,我仔细琢磨,也不见有什么笑点啊,我问他们笑什么,他们会笑得更起劲,然后告诉我"没什么";有时候,课堂发言,他们也会突然蹦出一个我不曾听过的名词,因为不懂这样的词,就影响了我对他发言的评判。每当这样的时刻,我都很尴尬。我也还没老,平时的阅读习惯应该也都很不错,也从不敢忘记提升自己的业务,对时尚的东西虽说不上紧跟,但也不至于落伍的。听不懂他们的话,很影响我工作中的自信心,有一种被"抛弃"的恐慌感,还有沦为"边缘人"的隐忧。我该怎么做才能跟上学生的节奏呢?

千山暮雪：

你好！很巧，我也是一名语文老师，教了20多年的书，现在的课堂上也经常遇到你这样的苦恼。因为有时候在课堂上听不懂孩子说的话，被孩子们取笑"老土"，虽然孩子们没有恶意，但不免有些尴尬。

孩子们那些稀奇古怪的话，大多源自网络。随着互联网技术飞速发展，网络上的新兴词语也在不断推陈出新，依托于互联网，这些流行语得到了快速传播。有时候这一波网络词语还没完全搞清楚它的意思，下一波网络热词就接踵而至。据统计，近几年，每年都有1000多条新的网络用语产生。加上网络语言有着鲜明的个性与特色，快捷自由，诙谐幽默，正好符合青少年渴求新知、猎奇探究、彰显个性、娱乐时尚、渴望创新、自我实现等特点，因此在青少年学生中快速传播和流行。这些网络用语甚至从线上走到线下，成为当下中学生的日常生活用语。在语文课堂上我们有时"听不懂"时下孩子们的那些"怪语"也就不足为怪了！

当然，我们能听懂孩子们的网络用语更好。为什么呢？

首先，随着互联网的普及，网络文化对人们的社会生活影响将越来越大，网络语言的大众化程度也将越来越高，已经对语言文字的运用产生了一定的影响。网络语言作为新的社会方言，极大地丰富了书面语言，是语言中一种活跃的现象，像"秒杀""给力""点赞"等词语已经被收录到《现代汉语词典》里了。网络语言言简意赅、含蓄美妙、形象生动的特点使其具有独特的文化底蕴，丰富而自由的表达方式呈现出多姿多彩的话语风格。正因如此，它在当今的社会实践活动中有着相当程度的使用价值。我们懂得这些网络语言，有利于引导孩子们用好、用对这些新词。

其次，网络语言对语言自身发展的负面影响不可小觑。虽然语言是不断发展和丰富的，网络语言的出现和发展，本来就是语言自身发展的一部分，但网络语言因为过度求新求奇、另类搭配、颠倒词序、混用词类、随意借用谐音词等原因，在丰富语言的同时，对语言自身冲击比较大，对语音、词汇、语法等规范的负面影响尤为明显，学生在日常交往以及作文中使用，就会让我们听不懂、看不懂。我们懂得网络语言，就能发挥语文教学的引导作用，可以利用各种教育契机把语文教学和网络语言联系起来，进行比较、分析，引导孩子们判断优劣，让他们自己扬弃，学会不轻易盲从。

再次，网络语言中也不乏低俗、暴戾的用词，这些词会快速地渗透到我们的日常生活中，在一定程度上扰乱了对传统美德的认知，拉低了文化的气质和内涵。而我们的孩子语言鉴别的能力尚弱，对新奇的词汇特别敏感，极易接受低俗、暴戾的用词。这样低俗、暴戾的网络语言在我们的孩子中盛行，对我们传承优秀传统文化会造成不良的影响。更重要的是，语言往往是一个人素养的重要体现，是一个人思想境界的反映，这样的网络用语也将直接影响孩子们人生观、世界观、价值观的形成。于漪老师在《语文教育现状的思考》一文中就指出："伴随着网络时代的到来，大量粗俗甚至粗鄙的语言随之出现，这对语文教学冲击很大，它破坏了语言的健康和准确度，而且还带来了巨大的危害。语言品质的下降，继而带来的是文品的下降，文品下降带来的是人品的下降。这种连锁反应式的品质下降是在无意识中发生的，而我们还可能不自知，不自觉，不自省。"如此看来，不光是我们语文老师需要懂得网络语言，我们所有教育工作者都应懂得网络语言，关注网络语言的发展，只有懂得，才能给予孩子们正确的引导。

作为同行，我特别佩服你保持阅读习惯，紧跟时代发展的脚步，时刻保持不被"边缘化"的警惕。确实，面对流行速度如此之快、流行范围如此之广的网络用语，如果我们不学习，与学生交流少了，就会有与学生脱节的可能。作为教师，作为育人者，我们必须要读懂学生，读懂时代，只有了解学生，才能做学生成长路上的同路人。如何学习网络语言呢？我们需要耐心听，重新学，多陪着孩子们玩，才能和孩子们保持一致步伐。有时候，我们还可以适当示弱，俯下身子，向学生请教，可能会收到意想不到的效果。就像我们教文言文，有些词语的解释有很多版本，孩子们以为我讲错了，每当这样的时候，孩子们的眼睛会放光，异常激动。于是我也顺水推舟，留出专门的时间让学生给我所讲的内容纠错，课后他们会查找很多资料，反复分析哪一种版本的解释更好，学习自然而然就发生了。对于网络语言，我们有时候即使知道，也可以装作不知道，向他们请教，我想这时孩子们也会两眼放光的。有一次在微信群和孩子们聊天，很多同学都发"emmmmm"，这个我真不懂，我在群里问："'emmmmm'是什么意思，谁能教教我这个老年人？"群里一下子就热闹了，很多原本"潜水"的同学也冒出来了，他们特别愿意教，也特别愿意交流，我们之间的距离好像也更近了。

网络语言在人们日常网络生活中产生，它是鲜活的，是发展中的语言，也有很多不规范、不准确的成分，更有粗俗的一面，但它肯定不是洪水猛兽。我想，我们不应该因为学生喜欢这些非规范的用语而去批评他，也不应该因为有趣好玩而过度去炒作它。把握好度，因势利导，取其精华，去其糟粕。

一只不大给力的小蜗牛

## 42 如何让"丧"的孩子重燃生命热情？

**昵称：保温杯　　　任教学科：社会　　　教龄：23 年**

我是初三的班主任，我的学科性质让我每年都教初三。工作忙一点倒还好，最让人难受的是，每一届的初三，班里总有几个"空心人"。他们人在教室里，可是却像丢了魂一样，什么都提不起兴致。上课趴着不听课，作业不交，考试也随便应付，一张卷子写不了几个字，体育锻炼也不肯参加，好说歹说哄到操场，跑步的样子却是半点精神都没有，连70岁的老爷爷都比他们精气神足。他们甚至下课都没兴趣玩，还是一直都趴着。联系家长，各种鼓励，都没有用。看着他们暮气沉沉的样子，又心疼又难受。我真的不知道该怎么对他们进行热爱生命的教育。

**亲爱的保温杯老师：**

你好呀！一看到你的昵称，一股温暖的气息扑面而来。再读你的文字，我更是倍感温暖，在这个分数唯上的大环境下，你所关心的不是这样的孩子能考几分，会不会拖班级后腿，而是希望孩子能有精气神热爱生命。这是多么温暖的想法啊，我想"保温杯"这个称呼放在你身上真正是最妥帖不过了。

老师，听我说到这，恐怕你欣然一笑的同时又要苦笑了，你可能要说，一心想为学生好有什么用啊，我对这些孩子束手无策呢。

老师，你知道吗？你遇到的困惑其实也是大多数班主任的困惑。在每一个班级中，总有如你所描述的"空心人"，他们基本上是屡教不改，擅长见招拆招，常见的表扬、赏识、找家长等招数在他们身上收效甚微。这样的学生，他们简直就是我们每位老师尤其是班主任的"奥数题"。这个题如果不解开，可能我们做一辈子班主任，也会难受一辈子。

现在让我们回到问题的本源。这些"空心人"是啥时形成的？怎样形成的？

在生命的最初，这些孩子和别的孩子一样可爱有生机。只是当他们遭遇了不合心意的家庭教育和学校教育，不被理解、不被尊重，慢慢的，他们就变得逆反、焦虑和自卑。所以啊，保温杯老师，他们是因为对家长与老师不愿也不敢信任，对周围环境缺乏安全感。也许他们曾有向好的想法，但没毅力，所以，最终他们无奈选择"趴着，暮气沉沉"做保护自己的铠甲，做他们对抗伤害的武器。

我当年比你更沉不住气，面对这样的孩子，焦虑、着急、上火，甚至要骂他们。你在信中没有讲到你是否与他们交流过，但我的直觉告诉我，你肯定和我一样私下常与这些孩子促膝长谈、将心比心、掏心掏肺过。可是，孩子依然故我。看着他们不变的眼神与姿态，我那时常长叹一声，心想：为什么我的一片丹心总会付诸东流？我要不要继续关注他们、爱护他们？

这个想法折磨了我很多年，甚至都让我对自我价值产生了怀疑。

直到有一天——一个毕业多年的孩子的来访让我改变了想法。

他是当年班上让我痛心疾首的"空心人"之一，但来访时的他眉目清秀、眼睛明亮。现在的他在苏家爱华工作，这位初涉职场的年轻人充满对明天的梦想，爱情、家庭、未来，他都有着青涩而迷人的规划。我讶异他内心的热情，忍不住说了一句："要是当年在学习上更上心，做事更热情，现在应该会更好。"你瞧，我多俗气。他认真地告诉我："老师，当年我是很不懂事。你讲的道理我都懂，但就是改不了。长大后忽然就开窍了。"我很感慨，生命真是奇妙，它不喜欢按部就班，总会在你不注意的时候给你一个小惊喜。有点沮丧自己当年的无用功，但是这个可人儿竟然看出了我的失落："老师，我来就是感谢你当年没有因为我是学渣就放弃我，你的话、你的好我都记着。"

所以，亲爱的保温杯老师，不要难过，不要焦虑，你的责任心、爱心，其实都被他们记在心里，只不过现在还没到发芽长大的时候。走心的教育本来就是隐性又滞后的。

后来又参加了几届学生办的同学会，我欣喜地发现曾经的"空心"孩子长大后并没有如我担忧的那样对生活失去了热情，在时间的打磨中，他们俨然就是"四好青年"。

说到这里，好像有否定我们教育的意义。其实不然，我想说的是我们可以改变我们的思维。

《思维的囚徒》一书中说，人其实是一种习惯性动物，我们习惯按自己所谓的信念去做，去认知。好多人自以为是地思考，其实是重新整理了一遍自己的偏见。我们脑海当中有偏见，我们不断地加强它，不断地丰富它，认为我们这个偏见越来越正确。然后每一次认真地梳理一遍，认真地思考一遍，加强自己的偏见。然后跟别人解决不了的矛盾，依然还是解决不了，找不到一个灵活性的出路。

同样，"教师是人类灵魂的工程师"，所以我们认为教师的任务除了传道授业解惑外，还要将所有的孩子带入"正途"。这样的观念就成为我们的信念，因此，曾经的我、保温杯老师还有其他老师习惯性地将把孩子教育成理想中的形象作为自己的使命，看不到教育的美好结果就会难过、焦虑。这个想法是没有错的，但是我们却忘了这个观念是放在整个生命的大前提下的。所以当我们陷入这种惯性当中去的时候，你会发现我们会忽略自己和他人的潜力。

我们的孩子不是站在原地不动的，在我们肉眼看不到的地方，其实已经悄悄埋下了我们撒播下的关爱的种子，只不过它需要时间的照拂和岁月的催发。

教育的意义就像春种秋收，我们撒播下爱的种子，也许看不到它萌发的时刻，但不要否定它的存在。弗兰克尔说："尽管我们不一定能感觉到意义，意义无时无刻不在我们身边。生命的真正意义，必须在大千世界中去追寻，而不能在人身上或内在精神中寻找，因为它不是一个封闭的体系。"让我们将目光投向生命的远处，相信发自内心的关爱，会让内心受过伤害的孩子得到疗愈，最后转化为成长的内驱力。

亲爱的保温杯老师，不要停止你的爱。因为当你爱他的时候，他的心灵就会感受到，他内心被尊重的喜悦开始苏醒，他生命的春天自然已不远矣。

夏日凉风

家长惑

## 43 担心儿子和女生情到深处,怎么办?

**昵称:水中花　　年龄:45　　职业:商人**

儿子初三了,身强体壮,脾气倔强,特别有主意,平时成绩也很不错。本来,一切都挺好的。可是,最近,他老说要帮助班里的一个女生,辅导她做题,还辅导她应对人生困境。每天晚上,他都以帮助同学为理由,堂而皇之地使用手机到半夜,严重影响了学习。我们提醒他注意时间和方式,他还说我们冷血,没有怜恤之心。上个周六,他说下午有同学来家里,他要帮忙辅导作业,让我们大人以及妹妹回避一下。我们回来时,发现楼梯口放着一双女生的鞋子,儿子的房门紧闭,还上了锁。我很担心,怕他们做出什么不妥当的事情。我该怎么办呢?如果擅作主张跟女生家长或者班主任说了,按他的脾气,肯定会暴跳如雷,弄得大家都不得安宁。如果不说,每一天又都提心吊胆。我该怎么办呢?

## 水中花：

您好！看你们家的情况，想必你们现在都处在一种非常着急、焦虑的状态之下，都希望问题能够得到快速、有效的解决。这样的心情我非常理解，因为我也曾经经历过。但是有一句话叫"欲速则不达"，在孩子教育的问题上，我们一定要有耐心，要慢慢地来解决问题。每个孩子都不一样，很难有一个统一的方法，但在思路上应该大同小异。那我就提出我的一些想法，仅供参考！

关于恋爱，我们有必要开放一下思路，去相信"在合理的引导下，恋爱是美好的"。从你提供的资料看，你们现在焦虑的事情就是孩子以辅导学习的名义带女生回家，关在房间谈恋爱，影响学习，甚至你们觉得他们会发生性关系。其实青春期的孩子，渴望爱与被爱是最正常不过的事情，哪个少年不钟情？哪个少女不怀春？《红楼梦》大观园里宝玉、黛玉他们其实也就是十三四岁的孩子，他们的感情纯真而美好。我们也都年轻过，这个年纪也都曾经有过懵懂的情感经历，现在回忆起来，也是甜美愉悦的。

那么为什么所谓的"我们"的教育，会一直反对青少年谈恋爱？为什么要把他们正常的生理、心理需求妖魔化以至于谈"恋爱"就色变呢？

因为，大多数的早恋都没有得到正确引导，或是孩子们只是单纯的友谊但家长臆测猜疑，或是孩子们被逼上梁山不得不气气家长老师，或是被媒体大环境熏陶，想要偷尝禁果。就比如：他们本来没什么的，但就因为其他人的反对加之自己的叛逆心理，真打算生米煮成熟饭了；懵懂的他们本来只觉得一起走路上下学就能体会到爱情的美好，但经过社会繁杂的勾引，好奇的他们打算一起做一些难以言喻的出格事情……

那你的孩子是不是也在这三种情况之中呢？不管是哪一种情况，都要注意方式方法。这个年纪的孩子逆反心理特别强烈，你越反对越着急，他们越会朝着相反的方向去发展。这需要你们在认同他们的基础之上，加以疏导。

从你提供的信息来看，孩子是为了帮助女生解决一些人生困惑而与她进行联系的，所以你们要肯定孩子是善良、乐于助人的，不管他出于什么样的目的，你们都要肯定他的这一点，这是一个突破口。并且你们要从心底愿意跟他一起来帮助这个女生。

（1）你们可以跟儿子进行沟通，承认自己过去在对待儿子帮助这个女生的问题上，确实是有点过于自私，光考虑自己孩子的学习成绩是否受到影响，没有考虑这个女生所需要的关心。承认自己的不足是你们跟儿子之间建立良好关系的一个基础。

（2）如果真的恋爱了，那就去面对、去接受。所以目前你们就去接受孩子谈恋爱的事实。女生来家里不要反对，也不必回避，就把她当成儿子的朋友来对待。比如留她在家里吃饭，给他们买点喜欢吃的水果、零食，不干扰又善意。你们得观察，他们是属于牵牵小手都会脸红的类型呢，还是奔放大胆的类型？但，发现后要往这条路引导：和对方在一起后，我会成为更好的自己。

（3）跟这个女生建立良好的关系是解决问题的又一个点。而且是非常重要、非常关键的一个点。只要这个女生是善良的，你们能够与她融洽沟通，我相信这个问题解决起来就会比较容易，你们担心的事情，也可以得到比较好的解决。

（4）普及性知识。你们最担心的应该就是他们两个会发生性关系，甚至导致这个女生怀孕。以防万一，你们还得考虑是否应该向他们普及性知识。其实现在的孩子，他们在生理方面的知识，懂得比我们要多得多。他们接受的教育，还有网络，都给他们提供了很多这方面的知识。所以我想哪怕他们发生性关系（最好是不要走到这一步，毕竟他们的身心还没有发育成熟，但是真的要发生，我们家长其实也阻止不了的），他们自己应该会采取安全措施的。

当然，作为大人，应该可以旁敲侧击，给他们一些提示，甚至我觉得可以告诉这个女生的父母亲。关于生理方面的知识，女生的父母告诉女生，可能更贴切一点。当然这些都应该是在与两个孩子沟通协调后保持良好关系的基础之上，才能够进行。

（5）学会等待，不要过度干预。如果前面几步都实施得非常顺利，那你们就不要再瞎掺和了，时间会证明一切的。你们也是过来人，应该知道早恋很多都会早夭。你们应该做的就是让他们在这次经历中不受重伤，并能成长，回首过往，他们能够依旧笑春风。

不过你们担心的事情，也许是多余的。无论如何，你们的孩子都应该为拥有那么关心自己的父母而感到喜悦。其实，你们要做的无非就是：信任，鼓励与沟通。只要你们真正爱孩子，真正希望孩子活得开心快乐，并不是仅仅在乎孩子的成绩、自己的面子。我相信"精诚所至，金石为开"，你们与孩子的问题会慢慢改变并且越来越好的。

温煦如玉

## 44 如何帮助成绩受挫的儿子重振精神？

昵称：雨过天晴　　年龄：41　　职业：教师

我的儿子今年初三，对学习兴趣浓厚，在班级里名列前茅。为了能够让自己有机会进入重点中学的提前批，他做了详细的学习规划。为了节约路上来去的时间，他自己提出住在离学校近一点的外婆家。每晚，他完成学校布置的作业外，还坚持钻研难题，一直到深夜。儿子的努力我们都看在眼里，疼在心里。可当最终结果出炉时，儿子榜上无名。那天，他彻底崩溃了，觉得自己一切的努力都付诸东流了，一切的希望都破碎了。他什么也不肯说，总把自己关在房间里，情绪低落。往日见了习题，就像打了鸡血一样的，现在也没什么兴趣了。我该怎么让儿子重振精神呢？

**雨过天晴：**

你好！好巧，我也是一名老师，只不过我还是很稚嫩的老师！你的昵称，让我想起雨后初晴的阳光，温暖和煦，世间万物欣然；也让我想起历经风雨洗礼后的明朗澄澈的天空。我想，你一定是一位亲切的好老师，温柔的好母亲。所以，你的孩子自律又努力。你的困扰，让我想起我的曾经。我也是如你儿子一般，披星戴月地准备中考，一次次失败，一次次失望，一次次不放弃，只为了上重点中学；我也想起刚刚毕业的第一批学生，他们也曾这般在准备中考的层层考验中，苦苦挣扎。无数个深夜，他们在文章中诉说自己的孤独与坚守。

其实，这样自律的孩子，恰恰承受的压力最大，往往经受的孤独最深，常常一旦陷入自己编织的网中便难以挣脱。我想，或许温情是最好的解药吧。

首先，"温情"在于父母的陪伴。"陪伴是最长情的告白"，陪伴不仅仅是生活上的相随相伴，更是精神上的相互理解支持，彼此契合。

我的一个初三学生，曾在文章中说："夜深了，唯有我一人依旧在奋笔疾书。爸爸睡了，妈妈睡了，连平日里那只喜欢闹腾的狗也睡了。万籁俱寂中，明亮亮的灯光晃得我眼泪掉下来。我忽然懂得了什么叫孤独，孤独是精神上的寂寞，是一个人的奋战，是无人能懂的执着。"的确，中考像一座围城，围住每一位考生，使他们的世界里只剩下了一件事——学习。一个人走路，一个人刷题，一个人守着梦想艰难但执着地前行，那一定很孤单吧！所以，我们的孩子真的很需要陪伴呀！尤其是身为老师的我们，耐心与时间更多给了学生，给了工作，却对自己的孩子少了一份陪伴。作为老师的孩子，他的心里肯定也承受了比别的孩子更大的压力，更深的孤独。

在他独自一人点着灯刷题的时候,你悄悄地准备好一碟小点心或小水果,于他而言是无言的宽慰;在他独自一人奋战到深夜时,你说一声"早点休息吧"!那会是他简单却温暖的小欢喜……甚至在除了学习,凡事都变得可有可无的时候,我们来一场郊游,来一次闲聊,是否会更有意义呢?我们的生活,我们的学习,有时候需要放慢一下。放慢是为了心灵解压,为了心灵更清明,这样,才能更好地前行。如果,有些言语难以直接表达,那么不妨写写信吧!不过,写信可不能一上来就分析考试失利的原因,那会戳着孩子的痛处。不妨简单且温馨地分享一些日常小幸福,就很美好呀!

不管何种方式,我们都要让孩子知道:我是理解你的,我们始终在一起,你并不是孤军奋战。我也始终爱着你,不管你的成绩考得好与坏,家人永远是你心中最柔情的存在。我与你的陪伴,不是因为你初三了,要中考了;我与你的陪伴,只是因为你是我的孩子,你是我爱的人,我想和你精神契合。

其次,"温情"在于父母的平和。对于万事万物能够以平和的心态处之,那是人生的一大智慧啊!

每一次的考试成绩一出来,我手机里马上就出没一堆焦虑的家长。成绩不理想的家长,埋怨着自己娃的糟糕;成绩理想的家长,担忧着自己娃能否下次延续辉煌。这个时候,往往连带着班主任我也焦虑起来。于是,这个焦虑又会再一次被我传递到孩子身上。曾经有段时间,可能是我无形中在班里强调了太多次考试的重要性,好几个孩子都出现了畏惧考试的心理。我不禁感慨,焦虑才真的是魔鬼啊,它让人丧失温和,被情绪牵着鼻子走。无形之中,就伤害了身边的人。

其实,阶段性考试的目的不仅仅是为了检验这阶段的学习状态,更多的是为了下阶段的状态与方法的调整。所以,面对考试成绩,其实我们都应该用更理性的思维，更平和的心态处之。当你走进孩子的内心后，其实不妨与孩子一起思考：这样把自己逼得很紧真的好吗？是否需要劳逸结合，才能有更好的学习效果呢？我们都需要平和的心态，不急不躁，不紧不慢。我们用理性去战胜情绪上的起起伏伏，始终秉承着中庸之道，一切便都是最好的安排！

再次，"温情"在于与孩子一起坚持。席慕蓉说："如果你肯等待，所有漂浮不定的云彩，到了最后，终于都会汇成河流。"坚持下去，等待下去，一定能守得云开见月明，一定能雨过天晴！

想当初，我也是一个满腔豪情壮志的学生！在别人都睡着之后的深夜，我斗志满满地继续奋斗。但是，我总是无法如愿考到自己理想的分数。乐天派的我便安慰自己，没事的，再坚持坚持，指不定下一次就好了。就这样屡战屡败，但是我屡败屡战，像个顽强的勇士一般，一意孤行奋战到底。

后来，我才明白，有时候，你的付出不会马上给你带来收获。但是，就好像小树苗要想茁壮成长，需要一段时间的沉淀，也需要风吹雨打的磨砺。要努力，更要坚守。不妨告诉孩子吧，所有人都是在这样的风吹雨打中摸爬滚打过来的，而我愿意陪你坚持着继续往前走。既然选择了远方，便只顾风雨兼程。家长若能如此活力满满、信心满满，孩子是否也更能够有勇气、有信心呢？

"温情"还在于许多的小细节。

我慢慢发现，每一个孩子都会敏锐地察觉生活中的点滴温情。小孩子来交作业，我刚好削苹果，分给他一小半，他开心地回家念叨了许久；小孩子路过办公室，我给他一颗糖，他说要珍藏起来；我无意识地夸赞了他们几句，他们的眼里便会闪出亮晶晶的小星星……所以，哪怕是十几岁了，上了初三的学生，对世间万物慢慢有了自我感知的能力，对自己的未来开始有了清晰的追求，但其实也还是个孩子啊，还是个内心敏感的渴望爱与关怀的孩子啊!所以,给他一点时间,让他在房间里静一静,让他有个缓冲的时间吧!再多多让他感受到你的诸多的爱他的小细节吧!

雨过天晴,希望你的儿子也能经过这次暂时的失利,继续斗志满满,雨过天晴!希望所有的学子们,哪怕身处暂时的黑暗中,但灵魂却能欢呼雀跃,心怀远方!毕竟,乾坤未定,你我皆是黑马!

悠悠猫

## 45 昂贵而无效的课外辅导，还要继续吗？

**昵称：蓝色海　　年龄：42　　职业：机械工人**

　　我是一个工人。我的孩子刚初一，学习成绩一般。我们很重视孩子的学习，知道孩子的学习很累。期中考试后，孩子跟我们说班级里有很多同学都到辅导机构去补课，他很希望自己也能够去补课。辅导费用很高，对于我们家来讲，那是一笔不小的开支。为了孩子，我们咬紧牙关，送他去补习数学和科学。但是，花了那么大一笔钱之后，孩子的成绩也没有多少提高。眼看着同学一个个都在周末进了机构，我们孩子成绩又不冒尖，不去的话，差距会越来越大；可去了，又没有进步。那钱，就像丢进了大海，连个水花都没有，还要不停地丢进去。我们自己又没文化，辅导不了。谁能指点我，昂贵而无效的课外辅导，还要继续吗？

 **亲爱的蓝色海：**

你好！感谢你的这份信任和允许，让我能够读到你的这份困惑；感谢你的这份分享，让我感受到你足够的敞开。你提出的问题，也是困扰着很多家庭的普遍性的问题，让我们一起探讨一下好吗？

首先，作为初中生的父母，重视孩子的学习成绩，是可以理解的。很多家长和你们一样，都是通过关心孩子的成绩来关心孩子的。不过，我特别羡慕的是你家孩子对自己的学习成绩有一定的要求，对学习的一种自觉——那就是当周末班级其他同学都进了辅导机构补习的时候，他也有了补课的需求。你们作为父母，为满足孩子的需求而付出昂贵的学费，我想给你们一个大大的赞。

其次，我们一起来探讨下，如何有效提高孩子的学习成绩？参加课外辅导当然是我们最直接的办法，但是不是最有效的办法呢？我不这么认为哦，我认为，有效地提高学习成绩，不但要查漏补缺，更重要的是调整学习方法。意识到这一点，我们可以回到问题的本身：昂贵而无效的辅导要不要继续？我想你心里一定有了答案吧？既然无效，当然不要！肯定不要！我们要的是有效啊！这和学费是否昂贵没有直接关系。

亲爱的蓝色海，解答了要不要继续的问题，我们接下来要研究的是：如何使孩子的学习能够有效地提高，对吧？这才是你们感到纠结、焦虑的关键所在，不是吗？那我在此卖个关子，你们知道，跟学习成绩有关的因素有哪些吗？记得一位智者这样说过，想要提高学习成绩，必须打通八大关系：第一与父母的关系，第二与老师的关系，第三与课本的关系，第四与同学的关系，第五与学校的关系，第六与考试的关系，第七与社会的关系，第八与自己的关系。

这些或许对于你们来说，非常的陌生，颠覆了曾经的认知。这八大关系其实就是学习的方法。现在我就和你捋一捋吧！

第一大关系是与父母的关系。嗯，我也认为是最重要的关系哦！或许你会疑惑，学习的主动权在于孩子，怎么赖上我们父母了呢？其实不然，作为父母，我们容易给孩子的，总是我们自己已经拥有的那部分，我们很难给孩子我们自己没有的东西。试想一下，你的孩子是不是遇到学习问题的时候容易紧张焦虑呢？你遇到工作中的挑战时是不是也是同样如此啊？对，这就是父母给孩子的影响，如何改善呢？我想应该从你自身开始，从你和孩子的沟通开始。父母只有调整自己的状态，孩子才会有更好的积极乐观的状态。想一下，在你们的工作生活中，你开心的时候工作效率高，还是你疲惫的时候工作效率高呢？是的，当然是开心的时候工作效率高，孩子的学习也是如此。如何轻松地、开心地去面对学习这个事，带着美好的感觉去做，这是提高成绩的很重要的一个方面。这种美好的积极的态度就是我们父母可以影响孩子的。

好，我们再看看孩子与老师的关系。孩子在学校学习，师生关系成了学习中重要的关系。我记得我在学生时期，自己喜欢的老师任教的功课就学得特别好，他所教的知识点我也掌握得很扎实。那么，我们是不是可以和孩子聊聊他学的比较吃力的学科，以及他对该学科老师的看法和态度呢？如果师生关系可以改善，那么对孩子的学习来说何尝不是一件乐事？

还有孩子与课本的关系，孩子和同学的关系，孩子与学校的关系，孩子与考试的关系，孩子与社会的关系，所有这些，我们作为父母都可以引导孩子对这些关系有一个觉察和思考，看看在这些关系中，哪些关系自己处理得不错，是怎么处理的；哪些关系可以更好，该怎么做。其实只要孩子有了觉察，我相信他一定有他的资源和办法来处理好这些关系。你也要对孩子有这个信心，你要做的就是支持他，抱抱他，理解他。

那么,在最后,我们再来捋一捋孩子和自己的关系吧!这个关系,我认为是最难处理好的,所以这是我在最后强调的一个关系。都说人最难的就是认识自己。是啊,亲爱的蓝色海,你认识你自己吗?了解你自己吗?和自己的关系如何?在心理学角度上讲,一个人与自己的关系,决定了他和外界的一切关系,当然也包括和学习的关系。认识自己的过程,和自己和谐相处的过程,就是认识世界,和世界相处的过程。这是一个哲学命题,的确不是一时半会可以改善的,不过,我们可以让孩子有一个思考:遇到问题时,我有什么情绪?我怎么应对?是接纳,还是抗拒?是改变,还是逃避?我相信,慢慢的,孩子和自己的关系也会越来越好,当和自己的关系变好,他就知道自己真正的需求,也知道怎么做,学习成绩可以有所突破,甚至是飞跃。

说了这么多,蓝色海,我不知道你有没有启发和感受。不管如何,我都想邀请你,此时此刻放下你的疑虑和困惑,继不继续上补习班,这并不是问题,不是吗?帮助孩子调整八大关系,帮助孩子觉察和思考,支持并信任他,那么学习真的可以是水到渠成的事情。我相信你,你可以,你有这个力量做到的。

静待你的佳音!

燕子春梅

## 46 儿子作业太多,怎么办?

**昵称:真的吗　　年龄:44　　职业:维修工程师**

每天晚上,儿子都在十一二点才睡,让他早点睡,他说作业太多了。可我偶尔有几次看见他在玩手机,貌似在跟同学语音聊天,一聊起来还没完。早上好不容易把他叫醒,他说睡眠时间不够,早饭吃不下,无奈只好送他去上学。他一坐上车就睡着了,进校门还总是睡眼蒙眬的。我想他状态那么差,上课哪有精神。我一说担心,他就烦躁起来:"你不要说了,好烦啊,你懂什么,作业就是这么多。""作业多,做不完就别做了,身体最重要。""不写老师要骂。"长期熬夜,身体非垮了不可。他今年初二,正是长高的关键时期,我和他爸都不高,我们一直担心他长不高。现在睡眠时间明显不足,肯定会影响长高的。如果错过了黄金时期,以后就再也没有机会了。孩子的作业如果晚上10点还完成不了,是不是可以真的不写?以前家长反映多了,老师也在群里说晚上10点后就不用再写了,可是第二天还是让大家再补上。第二天又有新的作业啊,累计叠加,作业就更多了。我想问问老师,作业的量,有没有一个明确的标准。

**真的吗：**

您好！首先您的孩子对待作业有着非常认真的态度，您的孩子每天都在努力完成当天的作业，今日事，今日毕。这不管是出于对老师的敬畏，还是孩子对自己的要求，都是非常好的事情。

但是，孩子因为写作业熬到十一二点睡觉，睡眠严重不足，导致早上起不来，还影响吃早餐，长此以往，会严重影响孩子的健康。作为初中班主任，我对学生的要求是睡觉时间坚决不能超过晚上11点，提倡10点睡。晚睡的学生第二天上课容易打瞌睡，状态很差，上课效果不佳，然后又导致课后作业效率低下，进入恶性循环。初中的孩子，睡眠实在太重要了，保证孩子充足的睡眠是第一位的。睡不好觉，除了影响第二天上课，更会使孩子注意力不集中，也影响孩子长高，后果是一连串的。

那么面对这种情况，作为家长，首先需要了解孩子作业量的真实情况。可以通过跟学校、老师沟通，反馈情况，也可以通过和其他家长交谈，了解真实的作业量。如果确实是老师布置了过多、过难的作业，就需要我们家长以适当的形式跟老师沟通。适当的作业可以帮助孩子巩固检验当天所学的知识，但一味搞题海战术，占据了孩子大量的时间，就有点得不偿失了。大量的作业会花费孩子大量的时间，影响孩子的睡眠，长此以往，也会渐渐消磨掉孩子的学习兴趣。如果其他孩子都能在晚上10点前完成作业，那么问题就出在我们孩子自己身上。根据您的描述，偶尔有看见孩子在玩手机，在跟同学语音聊天，说明孩子在作业过程中不够专注，手机分散了他的注意力。这属于自控能力比较弱的表现，他还没有形成一个比较良好的作业习惯。所以，家长需要改变态度，帮助孩子养成良好的学习习惯，提高作业效率。保证10点睡觉，家长需要划定底线，要求自己，也引导孩子努力做到。孩子注意力集中，学习效率提高，完成作业速度自会明显提高，进入良性循环。

那么，如何提高作业效率呢？我们关注以下几个方面。

首先，关注孩子对课堂知识或者作业知识内容的熟练度。当对所学知识不够扎实时，反映到作业上，就是会花费更多的时间来完成作业。时间的消耗也增加了孩子对作业的潜在反感。解决这个问题，就需要我们家长做两方面的工作。第一，观察您的孩子在做作业时，哪些知识的应用是明显不熟练的，以此有针对性地进行弥补。第二，对当前正在学的知识以及将要学的知识，做好有效完善的复习和预习，保证孩子对学习内容的掌握。

其次，帮助孩子进行有效的时间管理。具体来说，就是学会把自己的时间分成几段，然后把作业分别安排在一定的时间段来完成，如果某个时间段超时，再做调整。孩子已经初二了，我们要开始教会他如何做时间规划，如何按照计划完成自己的作业。并且在整个过程中，您需要陪伴他坚持自己的计划，一旦养成习惯，即使我们放手，孩子也能独立完成了。

再次，关于专注度的问题。在孩子学习做作业的过程中，不要把手机给他。手机容易分散孩子的注意力，我们大人尚且不能合理控制手机使用时间，更何况孩子。一边做作业，一边玩手机，不仅会导致作业效率低下，还影响孩子的作业质量，达不到作业应有的效果。手机上碎片化的信息浏览也会对孩子造成潜移默化的影响，使孩子无法保持较长的专注时间，这对孩子的学习是十分不利的。每个人能够连续保持专注的时间是有限的，个体之间也有差异。一般学校上课和课间休息的设置，都是遵循这个规律的。所以，做作业的间隔我们也可以引导孩子做适当的休息，这对于下一个时间段的专注是有很大帮助的。

最后，我们需要关注孩子的生理和心理问题。上了初二的学生，生理和心理上都在发生巨大变化，孩子往往难以一下子适应，从而产生烦躁不安的情绪。家长要随时关注孩子的变化，多谈心，多开导。适当搭配可以放松心情的活动，保持身心愉悦，对学业也是有很大帮助的。

只要我们家长坚持用切实可行的方法去帮助孩子，用循序渐进的方式去引导孩子，用源源不断的耐心去陪伴督促孩子，经过一段时间的训练，在作业问题上，相信一定会有明显的改善。

敏琪

## 47 如何让拼命学习的女儿多关心身体？

**昵称：缘分　　年龄：47　　职业：公务员**

期末临近，爱学习的女儿为参加学校的各科竞赛做准备，废寝忘食。此时的我们真心希望孩子不要过于辛苦，于是一而再，再而三提醒她要早睡。可她哪里肯听话，照旧熬到深夜。她的例假连着几次不规律，想带她去医院看看医生，她总是说没时间。好说歹说终于去看了中医，医生说一定要早睡、减少焦虑。现在，女儿开始喝中药调理了。为了她的身体，我们仍然不停地提醒，不断地唠叨，可她学习的时候还是那么拼命。学习当然重要，可哪里有身体重要啊。青少年时期正是身体打底子的时候，哪里能"亏"呢？外人都很羡慕我福气好，说女儿学习自觉，成绩好。我的担心，该跟谁说？

缘分：

你好！很高兴你能和我分享你的困扰、你的担心。和你一样，我也有个可爱的女儿，学习是她当下最重要的事，你的心情，你的情绪，你的感受，我都能体会。我能想象到你焦虑的表情和不安的语气。缘分，你知道吗？其实我很羡慕你，有一个爱学习、学习自觉的女儿，我想，她一定特别自律，对自己有很高的要求，这是很多孩子不具备的品质，也是多数家长羡慕你的地方吧。

确实，为人父母，就有为儿女操不完的心。孩子小的时候，我们担心他是不是饿了、冻了、摔了、疼了；孩子上学了，我们担心他学业能否跟上；学业好了，我们担心他身体是否健康；孩子长大了，我们担心他成家立业是否顺利；孩子有孩子了，我们又担心他的孩子……总之，有了孩子，我们对孩子的担心就会伴随一生。然而，我们静下心好好想想，为孩子操碎了心的我们，什么时候好好想过自己，好好爱过自己？我们内心的焦虑和担心该如何安放呢？

都说在家庭中，父母是孩子的榜样，孩子是父母的镜子，这是有一定道理的。那么，亲爱的缘分，让我陪着你一起来想一想，你的孩子如今拼命地学习，为了学科竞赛达到了废寝忘食的地步，她的行为举动有没有你们似曾相识的感觉？我们都知道的是，你的孩子对于学习成绩很在乎，也很焦虑，甚至影响到了正常的生理周期，这确实让人担心。但是，你有没有想过，孩子的紧张焦虑，可能恰恰是我们父母潜移默化的影响。请你细想，你们有没有曾经为了工作业绩，或为了孩子的学业成绩而焦虑不安呢？如果你在孩子身上找到了自己的影子，也不要急，而应该庆幸，我们知道了你所困惑的问题的根源，那我们想想接下来该如何爱自己，安抚自己那颗焦虑不安的心。

可能看到这，你会疑惑：该如何爱自己？

首先，你要"放开"孩子。为什么要放开？难道就不管了吗？你都说"一而再，再而三"，"仍然不停地提醒，不断地唠叨，可她学习的时候还是那么拼命"。是啊，你们的提醒和唠叨没有起到任何作用，为何还要执着地继续做呢？虽然你是为她好，但此"路"不通，我们就换条路走，这个方法既然无效，我们就不要继续，想想转换方向，换个方法。你来尝试"放开"她，来爱自己，尝试关注自己的情绪，将自己调整到舒适的状态。至于孩子，我想她是知道自己的需求的，你们"逼"她越紧，孩子就"逼"自己越紧。放开孩子，不要挡在她"前进"的路上，到她身后"支持"她。你可以这样做，她晚上学习晚了，为她煲一碗汤；早上为她准备好美味的早餐。我们为人父母，做好孩子生活的安全保障，学习的事情还是交给她自己吧。

其次，调整你自己的心态。我想你也许同样感觉到了自己的焦虑，对，就是这样的情绪，在影响着你还有你的孩子。那么，怎么调整呢？就是把关注点从孩子身上转移到自己身上，关注自己的内心。记得有一句话说得特别好："不是在爱中，就是在恐惧中。爱带来如其所是，带来对事实的臣服和行动的智慧；而恐惧带来分裂，带来对错评判，带来应该与不应该的较劲。"亲爱的缘分，这句话，对你有启发吗？想想你是不是一直在恐惧中呢？既然在恐惧中，即使你的做法是为了孩子好，孩子能感受到你的爱吗？会有所改变吗？我想，答案你已经知道了。

最后，给予孩子爱的陪伴。我们都知道，你女儿在学习的路上走得很辛苦，她内心是需要陪伴的，注意哦，这里爱的陪伴，指的是高质量的陪伴，不加评判的陪伴。怎么做呢？孩子回家后，和她交流学习生活情况，多倾听，少评判；孩子做作业时，有空的话可以坐在旁边陪伴，你可以看看书，写写文字，但是不要看手机，这样会影响到孩子的注意力；和孩子一起整理房间、书桌、柜子等,要知道整洁有序的生活学习环境,有利于提高孩子的学习效率;在天气晴好的周末,可以和孩子一起出去走走,欣赏美丽的风景……当然,陪伴孩子的方式有很多,除了上述建议,你还可以找到更多适合你们的陪伴方式,让孩子感受到爱的温暖,在努力前行中,更有动力,不感觉孤单!

亲爱的缘分,说到这,我有点抱歉了,一说到孩子我就似乎有说不完的话,不知道看了我的建议的你,有没有让你的担心少一点呢?不管怎么样,我想和你共勉,我们一起来做一个好家长,陪伴孩子、欣赏孩子、鼓励孩子,不干涉孩子、评判孩子、强迫孩子,我相信,孩子们知道,在他们的成长路上,我们一直在他们身后,他们会走得更快、更远、更踏实。

心语馨晴

## 48 如何挽回养女的心?

**昵称:腊梅花**　　**年龄:55**　　**职业:(家庭主妇)**

当初,独生子女政策,我们生了一个儿子,又从福利院领养了一个女婴,当作亲生女儿来养。今年,女儿初二了,可她不喜欢写作业,不喜欢读书,更不想上学。她喜欢做的,就是在家里"葛优躺",边看电视,边吃零食,连话也不愿跟我讲。我老公和儿子常年在北京做生意,为了照顾她上学,我一个人在老家带她,可是她却这么不听话。我已经55岁了,一来没精力管她,二来实在生气她这么没良心。那天,我一生气,就跟她说,她不是亲生的。她一句话也不说,就把自己关在房子里。老公连夜赶回家,告诉她大人是气急了乱说话,她就是我们亲生的,她也不说话。总之,事情过去两个多月了,她除了吃饭出来,平时都把自己关在自己的房子里,不说也不笑,学校也不肯去。老师同学来过很多次,她都不理别人。这样的女儿,带着实在是操心。可是,我们都已经带了15年了,想不要也没办法了。眼下,该怎么办呢?

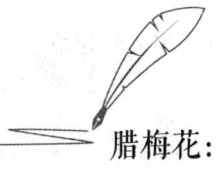

**腊梅花：**

读完你的困惑,我被你的爱深深打动了。如果不是真心爱着女儿,你不会选择与丈夫长期分居、与儿子分离来照顾她;如果不是真心爱着女儿,你不会在她不够乖巧懂事时,试图和她沟通交流;也不会在怒极时失言……是的,因为爱,你才困惑与痛苦。

而我,和你一样,也因为爱着孩子,走过一段极痛苦的日子。

从小学一年级开始,我女儿就对学校生活极度抗拒。为了让她快速跟上学习进度,每天放学回家,我都放下一切陪她做功课。为提高效率,我狠心忽略她的情绪,将重心放在知识传授上。然而,一段时间下来,女儿对学习的抵抗情绪越来越重,我也越来越焦虑。而我越焦虑,她在学业上的表现就越差劲。我们和快乐绝缘,每天伴随着我们的就是她的泪水、我的吼声。

有天晚上,看见女儿蜷缩身子皱着眉头入睡的样子,我忽然心疼无比,这段时间我和孩子活得这么累,至于吗?

我将痛苦一个个写下来。我问自己:痛苦是因为女儿不优秀的成绩吗?如果不优秀已成事实,我们是不是就注定不幸福?幸福等同于优秀成绩吗?……自省中,我看见我对孩子的期待,对自己的期待,发现过分期待的实质其实就是欲望。很多时候,我们打着"为你好"的旗号,其实只是借着孩子来满足自己的虚荣心而已啊!

忘了生活的初衷,被欲望折磨,所以看不到女儿的努力和她本身的美好,觉察不到陪伴的珍贵,感知不了当下的快乐。这样的妈妈给不了孩子进取向上的力量。"原来学习是不快乐的",我的小孩从那段时间中得出了这点。所以,那三年,我表面上在使劲地推着她甚至逼着她学习,实际上却导致她离学习的道路越来越远。我明白,我必须要先爱自己才会成为她成长的榜样,也才有力量去爱她。

那以后,我开始改变,我将生活的重心转到自己身上,关注生活的每一个时刻带给我的启示。清晨起床,我舒展筋骨,感受晨起的力量;洗漱护理,欣赏镜子里的自己,送给自己最欢喜的微笑;唤醒女儿,亲吻她娇嫩的脸庞,感恩自己拥有这样甜美的孩子;和女儿一起吃早餐,咀嚼每一口食物,感受味蕾带来的每一种味道;行走在陪孩子上学的路上,对身边的树木、阳光、行人保持感知,知道自己正陪孩子行走……不去设想未来,而是将心放在当下,感知自己在每一刻的存在。

慢慢的,焦虑感开始淡去。慢慢的,我和女儿间的关系变得缓和。那一年,我还在工作上迎来另一个春天。

现在女儿已经五年级了,她说:"妈妈,以后我要到你的班级里上课,我要你来教我。"

亲爱的腊梅花,人生充满了未知,对于孩子,父母除了引导,其实没有能力代替她生活。世界上能让我们掌控的只有自己啊!因此,当亲子关系出现问题时,不妨转换视角先把自己过好。55岁,你仍有大把的时间去过自己的生活,让自己变得很美好。当你活好了,状态很好,女儿就会喜欢你,愿意跟你在一起,想要成为你的样子。所以,让我们呈现出向上的姿态,成为孩子的人生榜样。

相信我,当你对当下保持全然的感知,在与女儿的相处中关注到自己的存在,看见她的每一个美好,就能体会到生命的奇迹。腊梅花,我们的孩子其实不是我们的孩子,是生命对于自身渴望而诞生的孩子。从这个意义上讲,你的儿子和女儿并无分别,亲生与否对于生命而言并不重要,重要的是你享受每一刻相伴的时光,去感恩它。

或者,你还可以回头想想领养女儿的原因;回味儿女双全的美好;想想留下守着女儿的理由……每个初衷都能让你对当时的自己、现在的自己心生敬意,对在你生命中出现的女儿油然而生谢意。

人生所寻求的无非就是归属感和价值感。前者是爱,后者是感谢。拥有养育孩子的权利本来就是生命的馈赠,这如何不让我们心生感激。当你以感激心看待这个孩子,就能时时发现她的美好,就会在学业之外看见她的存在。

所以,亲爱的腊梅花,不要着急不要焦虑。你要相信在爱中成长出来的孩子会有强大的内心来应对生活中不可预测的变化。即便现在的她选择用消极来抵御生活的不如意,我们依旧要坚信她是懂爱的,坚信我们的爱是可以传递到她内心的。

因此,你需要做的就是在把自己活好的同时,爱她、尊重她、感谢她、等待她。

懂你的小美妞妞

## 49 妈妈如何扛起家务、工作和子女教育？

昵称：森语　　年龄：40　　职业：服务员

有时候我真的不想吼娃，当我累得半死回到家，看见垃圾到处都是，心中的无名之火噌噌噌地就上来了。也怪我，小时候太宠他了，现在到了初中，本以为他长大一些，能体谅大人赚钱的不易，到头来还是老样子。周末的时候，我在家里陪他，他一提到学习就讨价还价，这么大了，写作业还磨磨蹭蹭，丢三落四。好不容易写完作业，他就玩上手机了，一边看一边笑，说他也无济于事。把手机拿掉吧，那简直要了他的命，他就一个劲地跟我吵，我的脑袋都要炸了。老公、婆婆都怨我不会带娃，把孩子带的成绩不好，习惯也不好。家里的家务事都是我在做，孩子也要我一个人管，我还要出去上班，我哪里有本事做好啊？现在我三样都做不好，还被所有人指责、嫌弃，咋那么难呢？

**亲爱的森语：**

你好！你的来信让我想起一部电影，电影中有句台词："这个时代对女人要求很高，如果你选择成为一个职场女性，会有人说，不顾家庭，是个糟糕的妈妈；如果你选择成为一个全职妈妈，又有人会觉得，生儿育女是女人应尽的本分，不算是一个职业。"森语你现在的处境就是现代女性在成为母亲后的两难境地的缩影。我们女性在家庭中不但要挣钱养家，还要养育孩子。孩子出息了，这是你的本分；孩子不争气，就是母亲的过失。

真是个糟糕的观念，对吧？我们就是这样被困在不公平的家庭生活中喘不过气来。孩子的疲沓疏懒、婆婆的指责不体谅、老公的推卸责任还有工作的繁重劳累……一切都让我们举步维艰。

呵，我用上了"我们"这个词。是的，你经历的一切也曾是我经历过的。在那段时间里，我也和你一样觉得自己什么都做不好，也和你一样感觉人生充满了恶意。

亲爱的森语，做女人真的很辛苦。所以我们要想办法从这个漩涡中出去。

面对这么多烦恼，我们首先要解决哪个问题呢？大部分人都会选择孩子，因为从目前的情况来看，我们家庭矛盾的核心就是孩子的问题。所以我们会想当然认为只要孩子上进了出息了，家人的指责就会消失，内心也会有了希望，人生就能改变。但是实际上恰恰相反，孩子的问题只是家庭问题的表象。通过改变孩子来改变我们的生活，这是一个几乎不可能成功的事情。

森语，你提到你的孩子已经是个初中生，但表现出来的状态还是和小时候很像。这说明他的心理并没有随着生理发育而成熟。我们都知道生命个体都是向上的，但为什么你的孩子压制住成长的动力，拒绝学习，沉溺网络呢？萨提亚曾说过："家庭中的每个人在任何时刻都是一个完整的个体，无论这个人刚出生两周，还是十五岁、三十五岁或者八十五岁，他都有权期待来自家庭的塑造。"孩子的心理发育停滞是因为家庭没有给他成长的力量。

关于这点，你的内心其实已经感受到了。疲惫、焦虑、没有存在感、缺乏安全感……这些糟糕的情绪都在暗示，你正在远离真实的自己。只不过目前是你的孩子用他的形态让你看到了改变的迫切性。

关于如何改变这种现状，"知乎"给出了许多答案：学习与丈夫沟通的技巧、引导丈夫参与育儿最佳时间、妥善处理婆媳关系等。"知乎"还将推动丈夫参与育儿视为女性应通过细致学习、努力规划来实现的个体责任。

可是，这一归责路径下来，我们女性不仅要继续承担抚育孩子的重责，还要背负改变男性观念、推动父亲参与育儿的任务。

森语，这些方法是不是太难了？

所以，我们不要当"救世主"，我们也当不了"救世主"。如果不去想着改变孩子，也不想着改变丈夫或婆婆，而是致力于让自己的内心更健康更有能量，这样做会不会更简单？如果一个家庭缺少了成长的力量，就让我们自己先成长，变得有力量。

杨澜在有次访谈里提醒现代女性："一个女人的魅力是成长，生活中有很多东西是难以把握的，唯有成长可以把握，可能有人会妨碍你成功，却没人能够阻止你的成长。"

这句话对你有没有启发？我当时深受感染，回想自己这段婚姻生活，我发现自己有了孩子后基本把全部的精力放在家庭和孩子身上，而忽略了自我成长。慢慢的，我没有了安全感，将人生的未来寄托在孩子身上。于是，焦虑疲惫如影随形。我想，你的日益剧增的"累"也应该不仅缘于工作，更多是因为没有了自我价值感。

　　后来，我在阅读中慢慢领悟到：人生是一个见自我、见天地、见众生的过程。这里的"见"，就是不要只局限在某一人某一事某一小范围中，一方面要学着不断向外走，遇见的人和事越多，我们的视野就能更开阔，也才有可能真正遇见自己；另一方面，我们还要学着不断地向内走，和自己对话，了解自己的困惑究竟是什么，我们越了解自己，就越能和自己更好地相处。

　　在明白这个道理后，我不再把所有的精力都放在家庭和孩子身上，开始寻找家庭以外的自我。我参加不同学习类型的工作室，开始和朋友聚会，我变得快乐独立，而我的孩子们和丈夫也因为我的改变而相应地做出改变。

　　森语，我能做到的，你也可以。

　　服务员工作很辛苦，但却能让你看见人间百态。让我们转换心情去看待每天遇见的不同人和事吧，不管遇见的是美好的还是丑恶的，一边接受一边学习一边调整自己的人生态度。比如今天的客人出言不逊，你可以站在他的角度猜测他的心情；也可以站在自己的角度，看看对方什么样的语言会让你失态，而你又是因为什么原因而在意他的话；或是回顾自己曾经有没有像这位客人一样和家人发生过冲突……改变看待事物的心态后，你会发现工作也是一件很有意思的事。

　　回到家中，你依然可以用这种心态去面对家庭中发生的事。举个我自己的例子，上初中的孩子不求上进，我就告诉自己对于初中生而言，独立学习是他的责任，将来考不到好的学校或者出现其他问题是他不求上进要承担的后果。作为母亲，我们只负责提醒督促，但不必取代他焦虑担忧。

　　你还可以培养自己的兴趣爱好，发挥你的特长。在擅长的领域中，我们更容易找到自己的价值，让自己自信阳光起来。这就是我们个人的幸福之路。

看过《倚天屠龙记》吧,里面的顶级武功秘籍说道:"他强由他强,清风拂山岗。他横任他横,明月照大江。"家庭生活必然会出现很多大大小小的琐碎问题,这些不如意无法被抹去,但我们可以在纷扰中保持本心,选择让自己舒服的方式去面对。在家庭生活中保持自由、独立,像单身人士一样经营自己的生活,我们就会变成家庭中的光亮,给予家人成长的力量。

生命是孤独的,没人能拯救我们,除了自己。亲爱的,不要停止成长,让我们一起遇见最美好的自己,收获最美的人生。

小美妞妞

# 50 如何给性格大变的女儿解压？

昵称：如果　　年龄：42　　职业：护士

学习科目增多、学习难度增大，女儿丫丫的压力山大，常常焦虑不安，愁眉苦脸。没过多久，丫丫变得如吃枪药，稍不如意，火药桶随时会被点燃，让人措手不及；有时我们在房外小声讲话，她突然冒出一句："别说话！"我有时小心翼翼地靠近她，希望为她做点什么，她立即愤怒地吼："出去，我来不及。"这一切，真让人心凉半截。我们常常因一点小事就"开战了"，有时忍不住严厉地回敬一句，她竟然手捂住脸伤心地哭起来。昔日的温雅开朗少女不见了，取而代之的是性烈如火的雷电暴烈女。初一的学业压力竟把我的女儿变成了这个样子，我和她简直没法沟通，请大家给我支支招！

**丫丫妈妈：**

您好！您所说的问题，我看了多遍，每看一遍，我的心就多了一份沉重。

孩子出现焦躁不安，"火药桶"随时都有可能被点燃，昔日的温雅开朗少女不见了，取而代之的是性烈如火的雷电暴烈女。我感受到您的压力很大，您与孩子简直没法沟通，我们一起来慢慢引导孩子，来帮助她，好吗？

丫丫从进入初中的第一天起，就投入了紧张的学习中。首先学习科目增多了，小学考试科目只有三门，中学一下子增加到八九门，作业量过大，难以承受，她可能会产生烦躁、压抑的情绪；其次是难度增加了，小学与初中的知识梯度不是斜坡式的，而是阶梯式的，逻辑性也增强了，需要更灵活的思维，孩子可能对此表示不适应，就有可能怀疑自己是不是不适合学习，这种不自信逐渐演变成压力。

还有教学方法上的差异：小学是"保姆式教学"，初中是"教官式"教学，风格发生巨大变化，学生感到中学老师不如小学老师讲授得那么细致，学起来很吃力，有时不能完全消化吸收，只能囫囵吞枣地咽下，遇到新知识，就望而生畏；小学老师语言亲切有加，鼓励性的话语较多，而中学老师的话语少了呵护，有时甚至比较严厉。这可能也使孩子一下子接受不了，出现"对抗""消极"等不良情绪。

丫丫上初一后，还会遇到很多学习比较棒的同学，她可能会感到自己进入班级前列并不像小学那么轻松；另外，我们做父母的都希望孩子的成绩好一些，能考上重点高中。这些都会使孩子经常处于一种无形的压力之下，过于在乎一时的成败得失，每当在学习上遇到挫折时，就会产生心理负担。担心被家长责备，害怕被老师不重视，从而产生焦虑，所以昔日的温雅开朗少女不见了，取而代之的是性烈如火的雷电暴烈女。

丫丫妈妈，您说您与丫丫常常因一点小事就"开战了"，有时忍不住严厉地回敬一句，她竟然手捂住脸伤心地哭起来。当您和孩子"战争"时，这时焦躁不安的丫丫是无助的，伤心地哭是对无助的一种遮掩，此时父母最好的方式就是接纳，无论孩子属于何种情况，是否抗压，父母应当全情接纳，而非苛责。

成长的困惑是每个人都要经历的阶段，丫丫也不例外，这一时期丫丫最需要的就是充分的尊重和理解，需要有一个情感宣泄的渠道。家长要做的就是理解、尊重和正确引导，摆正心态，控制住自己的"关心"，让孩子有独立思考和休息的时间和空间。对孩子的一些情绪反应不必过分地紧张，甚至可为孩子创造能独自一人"哭一哭"的机会，以宣泄他们心中的紧张和压力。

"孩子是家长的一面镜子，了解了他们，也就了解了您自己。"爱就是共进，陪伴也是行之有效的方法。所有压力应和孩子共同承担，让她感受到爱，不觉得孤单，在陪伴中我们做父母的也要发现自己的不足，并及时改进。

丫丫现在学习可能有些吃力，学校的学习已经非常辛苦了，在家里就不要再和她交流学习了，可以围绕孩子感兴趣的一些话题来进行交流，给孩子发言的权利，可以多了解孩子感兴趣的事情，跟孩子的交流中就有共同语言了，这样才能建立良好的亲子关系，孩子才会更愿意跟您交流，把自己心里的烦心事与您分享。

丫丫妈妈，孩子把烦心事与您分享时，您可以向孩子分享自己的经验，告诉丫丫，父母也是从孩子的阶段过来的，在小时候遇到和她同样经历的时候是怎么过来的，用简单的、孩子能够理解的语言向孩子分享自己的经验。这样的经验分享往往会让孩子更容易听进去，让孩子感受到同样的压力下,父母也经历过并化解了,压力其实没有什么。这也是给孩子树立正确榜样,从而增加了孩子努力克服困难的勇气,给孩子一份战胜压力的信心。

当然排解压力,找方法是必不可少的,丫丫妈妈,您可以在积极陪伴孩子的同时,适时引导孩子找一些排解压力的方法。您可以在她学习累的时候,鼓励她休息一下,做做放松操,跑跑步,缓解一下;您可以在她感觉压力大时,让她写下来,就像跟朋友倾诉一样,写下来后,和她一起找一找压力来自哪里,再一起寻求解决的方法,找到适合丫丫减压的方法,进而减少压力。

丫丫妈妈,您保持和孩子的有效沟通,就能建立良好的亲子关系。了解孩子的所思所想,关心孩子的精神需求,这样孩子有困惑或者压力大时,也愿意跟父母说。这时,父母要耐心倾听,帮助孩子减压,让孩子感受到父母和她永远是一个战壕的战友。有了陪伴和信心,孩子的不良情绪化解了,学习的动力自然就足了,成绩一定不会差到哪里去。

相信昔日的温雅开朗少女很快就会回来的,加油,丫丫妈妈!

灵兵小蜗牛

# 51 孩子沉迷不着调的书，怎么办？

**昵称：平安　　年龄：43　　职业：个体经营户**

孩子沉迷看小说，房间里各个角落藏了十几本，大半夜还看小说，白天就在学校打瞌睡。我把书缴了，他又偷偷拿回去；把书撕了，他又拿着身份证去图书馆再借。上周，老师也发微信告状，说是他把一书包的小说带到学校，上课偷偷看，还借给同学看，让好几个同学都没心思读书了。我的孩子，读这些书上瘾了，像是在吸食精神鸦片。可是，他看的都是那些玄幻小说，是黑色封面的"黑皮书"，我也翻过，内容不切实际，乱编胡造，专门迷惑青少年的，并且有很多黄色和暴力的内容。也基本上没什么文学性。现在中学有必读书，可他根本不碰这些经典作品。在家里，我们全家都不看这些"不着调"的小说的，真不知孩子是怎么就迷上的。现在，我想让他提高阅读的品位，他根本就不肯跟我说这个话题，我该怎么办呢？

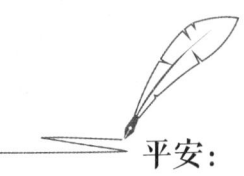

平安：

　　您好！您的孩子沉迷于阅读小说，这首先是一件很美好的事情。在孩子的成长过程中，语言文字能力的成长也是非常重要的。这里撇开孩子的口头语言表达能力，他的语言文字能力的成长所需要的绝大部分营养，肯定是来自阅读，而阅读小说，绝对是重中之重。另外，同样是阅读，敷衍式的阅读是效果最差的，其次是完成作业式的阅读，效果也比较有限；您的孩子属于痴迷式的阅读，这是最高境界的阅读，也是效果最佳的一种阅读。

　　当然，同样是痴迷式的阅读，也要注意不同的倾向。多种倾向里的两极是：一种痴迷于故事，一种痴迷于语言文字。痴迷于故事的问题是，孩子在阅读过程中，会把文字视为一种简单的媒介，会最大限度地忽略语言文字的准确性、趣味性、语感和美感。如果是痴迷于语言文字，孩子在阅读过程中会首先沉浸于对语言文字的反复体会与品味，这样的阅读是最有益的。如何区分这两极？很简单，假若孩子阅读速度极快，凡是读过的书就不愿意阅读第二遍，那么他就是痴迷于故事型的；假若孩子阅读过的书中，其中一部分被他喜欢的书，虽然对故事情节了然于胸，故事的悬念已不复存在，但他仍然愿意阅读第二遍甚至第 N 遍，那么他就是痴迷于语言文字型的。这样的孩子，他可以把某一部喜欢的书反复阅读几遍、十几遍乃至几十遍。

　　有一点必须提及，痴迷式阅读的孩子们中间，会有很小一部分比例的孩子可能陷入某种变态，就是不管读哪一部书都会痴迷，完全不加选择，甚至只要一看到文字，都会痴迷阅读，与此同时，这样的孩子一般会对阅读之外的绝大部分事情都失去兴趣。这么一种非常态的痴迷阅读，倒是家长们要小心提防的。

根据您的描述,您的孩子大半夜还看小说,这属于自控能力弱的表现,这个时候家长要立下规矩,什么时候做什么事情,需要一个度。但还有个问题——您的孩子还到处藏书,说明他喜欢阅读的书,都并不为您所许可,或者他的阅读时间,为您所限制,甚至事实上是两者兼而有之。我的理解是,您可以试试让孩子在课余完成作业之后自由支配阅读时间,在阅读时间里由他选择去读自己喜欢的书;可能,恰恰是您的"围堵",才导致他"挑灯夜读"的。从心理学的角度来说,您缴书是合理的教育、惩戒方法之一,但撕书却是非常粗暴的行为,这种行为会极其严重地伤害孩子的心灵。作为家长,您应该寻找其他变通的方式去引导孩子。简而言之,暴力行为不可取,也根本达不到教育目的,您应该选择疏导的方式,让孩子明白,除了阅读,他还可以做其他的事情,比如观赏电影、电视,包括看纪录片等,比如出门做一些对身心有益的户外活动等。阅读再好,也不能一味沉溺其中。让您的孩子明白物极必反、过犹不及的道理,这也是有必要的。

此外,您的孩子懂得把精神食粮分享给同学们,这种行为本身值得提倡和表扬。不过他的同学们也是孩子,是孩子就面临自控能力的考量,您只要让他明白,好心有时也会办坏事之类的道理,再加上您作为家长可以在这方面给他立一些规矩,我觉得这些问题都会迎刃而解的。

最后我必须着重指出的是,作为家长,您的一些观念是值得商榷的,虽然这样的观念在家长们中是绝对的主流,可能会得到99%以上的家长的认同,甚至也可能会得到几乎同样多比例的老师的认同。

经典作品的好,不需要我再赘述。但是我想问:孩子为什么不喜欢经典作品?作为家长,您有没有考虑孩子的心理特点?

没错,对经典作品的阅读,几乎是被整个教育体系认可的唯一方向。我不是反对孩子们阅读经典作品,我是一个作家,同时也是一个家长,我在孩子们的阅读与写作这个课题中,至少有将近20年的跟踪研究,我只是就事论事阐明自己的研究心得：第一，经典作品的读者对象是分年龄段的。大致来说，有一些属于儿童文学经典，有一些属于青少年文学经典，还有更多的属于成年人的文学经典，当孩子们面对经典作品的时候，大体上他们是不能跨越年龄段的，这个由他们的语言文字能力和心理特点所决定。第二，经典作品经过时间的淘洗，它在语言文字、故事的时空背景上，与我们当下存在着必然的距离和隔阂。这种距离和隔阂是一种屏障，孩子们在穿越屏障时，会产生必然的分化，这种分化是完全正常的。第三，经典作品并不能提供孩子的语言文字能力成长的全部营养。因为我们的时代处于瞬息万变之中，经典作品中的许多东西包括语言文字都会不同程度地失去"时效性"。第四，经典作品通常确实是有品位的，如您和绝大部分家长、老师的理解一样，打一个比方，经典作品是一种高品质的精神食粮，但是孩子们可不可以只食用高品质的精神食粮？这样做是不是合理的"膳食"方案？比如孩子们日常饮食中的食物，要不要注意合理均衡？大鱼大肉可不可以？蔬菜瓜果呢？第五，根据我的研究，对孩子的语言文字能力的成长帮助最大的其实是中国当代作家尤其是年轻作家的作品。一来这些作家的语言文字跟孩子们是没有隔阂的，甚至是零距离的；二来这些作家的心灵与孩子们是相通的，也是没有隔阂的。即便家长和老师们可能认为这些作品只是"粗茶淡饭"，我也必须指出，"粗茶淡饭"恰恰是"膳食"中的基础，不是吗？

有一个事实，现在国内的出版审查机制是值得家长们放心的，一部书，只要不是非法出版物，家长们不必过于担心它的色情和暴力。比如孩子们非常喜欢的《查理九世》系列，虽然由于一些质疑的声音而下架了，但它在出版界、儿童文学界等专业人士那里其实是获得了肯定的。再说，我们国内对孩子的性教育是非常缺乏的，几乎谈性色变，其实根据科学研究，孩子在婴儿期就具有性意识，所以国外许多国家对孩子的性教育，很早的时候就开始了。我认为家长对于色情和暴力内容的敏感,是出于对孩子的过分担心,实质上这也是一种溺爱。至于家长指责孩子喜欢阅读的小说中的不切实际胡编乱造,我想,这些更可能是家长一厢情愿的理解——也许这种不切实际胡编乱造恰恰是想象力的体现,而且正是孩子所需要的呢?

　　我们眼前的这个世界,已经进入了人工智能时代。这个世界日新月异,现在的孩子们是最智慧的一代,他们终将成长为时代的主人,成为时代的中流砥柱,我觉得作为家长,我们可以抛弃许多成见,放松一些,您觉得呢?

杨邪

## 52 失败的单亲爸爸该怎样育儿？

**昵称：谁又是谁　　年龄：40　　职业：个体经营户**

在儿子很小的时候，我和他母亲就离婚了。虽然孩子跟着我长大，但是他和我越来越生疏。有时候我很想和他好好聊一聊，但最后总是闹得很不愉快。我知道，孩子心里是怪我的，怪我当初对他母亲不够好，他总觉得是我害得他和母亲分离。我想弥补他心里受到的伤害，他说："我恨你，我永远不会原谅你。"这句话就像一把刀扎在我的心口。我抽烟，他生气；我喝酒，他也生气；有时我打游戏，他更是气得把门大声地关了。初一的时候，我偷看了他的作文《我的爸爸》，没想到，在儿子的笔下，我竟然是那么不靠谱的"人渣"的形象，他在文中说我做父亲是打零分的。现在，他自己也不愿意读书，天天就想着找人玩，找的都是女同学或是看着就不像正经学生的"小混混"。我心里很着急，试图跟他谈谈学习、谈谈人生，他丢下一句"你有什么资格管我"后，就把自己关在房间里。看着他这么放弃自己，我心里又自责又着急。我应该怎么和孩子沟通？

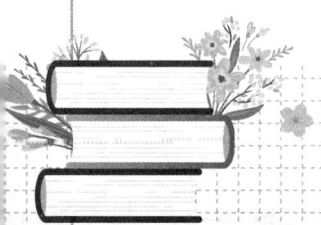

 **谁又是谁：**

您好，因为不知道您的合适称呼，只好以昵称来称您，请勿见怪。

从您的描述中，我能感受到一个既自责又焦虑的父亲想要改变现状的急迫感，很遗憾孩子和您之间出现了沟通不畅的问题。印度著名诗人泰戈尔曾说过：屋是墙壁与梁所组合，家是爱与梦想构成；房子只能阻挡自然的风霜雨雪，而家却能遮蔽人生的坎坷波折。对于孩子来说，家就是他的城堡，是一片安全的港湾，是他生存、生活、成长的自由天地，而父母就是这个家的全部。和谐的家庭关系是孩子成长过程中最好的守护。

对于您和孩子母亲来说，分开可能是一种解脱。但是，同一件事，所在的位置不同，感受和记忆都会不同。对于孩子来说，当遇到父母之间发生的变故时，在他的心灵中，就像是世界发生了天崩地裂般的转变。这件事直接改变了他对现实的认知，使他触摸世界的结构和能力发生了巨大的变化。很难说这种改变是好是坏，只是从目前来看，这种改变造成了孩子日常部分行为的偏离，也造成了孩子与您之间的疏离，直接导致你们父子间的沟通出现问题。所以，问题的起因可能就像您所说的，来自您与孩子母亲解除婚姻关系对孩子造成的伤害。

从您的字里行间，可以看到您的目的是希望孩子能接受现状，确立人生目标，努力学习，不自暴自弃。但是，由于跟孩子无法有效沟通，您不能进行有效引导，从而使沟通越来越困难，引导越来越无效。这似乎形成了一个无法打开的死循环。

那么，事情还有无转圜的余地呢？从您的叙述中，我们发现他因您抽烟、喝酒、打游戏等行为而生气。根据著名心理学家马斯洛提出的需求层次理论，当我们的需求得不到满足或者被剥夺时，生气、愤怒就会随之而来。因此在日常生活中，生气、愤怒的很重要的一个意义就在于，它提示我们：我们的需求没有被满足或者遭到了剥夺。那么生气现象的背后可能暗示着孩子的某种需求没有得到满足，比如爱和归属的需求。孩子对您做出生气的反应，可能是因为他觉得自己对爱的需求被您剥夺或者没有被您满足。比如，他看到您爱酒、爱烟、爱游戏，想到的却是您不爱他、不关注他，他觉得自己不仅仅游离在健全家庭之外，更游离在目前身边唯一的亲人的视野之外。他希望从您身上得到爱和关注，一方面说明您在他心里还占有一席之地，不是像地上的石子那样无足轻重，他心里还在乎您；另一方面说明他想要从您——自己的父亲身上获得更多的爱与归属感，从而满足他内心渴望的需求。所以，孩子生气对于你们父子间的沟通困境来说，既是不幸的，也是幸运的，说明困境还可以改善甚至改变，还没有到无法挽回的漠视、无视的地步。

由于不知道更多的细节，我不知道孩子的生气是否还可能来自他的焦虑、恐惧或者自我否定。比如中国式的离异父母大多数曾经对孩子说："我们之所以不离婚，全是因为你。"父母离异后，在孩子的心里，这句话的潜台词就变成了："我们之所以离婚，就是因为你。"这种"以爱为名"的说辞把孩子裹挟到成年人的爱恨与婚姻中，年幼的孩子在这种混乱处境中，很容易形成焦虑或恐惧，进而自我否定。人在自我否定阶段，常常会导致破坏既有规则来寻找心理的存在感、归属感和自我认同。这也可能就是孩子对您从责怪、怨恨、贬低到疏离，再到自己寻找玩伴的原因。在此阶段中，他不自觉地在实现心理伤害的自我修复。这种修复过程也会让他逐渐适应社会、融入社会，慢慢形成自己的独立人格。

人是很奇怪的动物，认知层面的自我否定是必需的，自我否定是达到正确自我认知的一个必备过程。当然，自我否定也不能过分，就好比自信和自满自大一样，若自我否定过度，会陷入悲观之中，反而不利于正确的自我认知的形成。对于孩子的现状及内在原因，我们也应该清晰地认识到，不是孩子变坏了，而是世界崩塌后，他在寻找自己的成长之路，就像小草在岩石的缝隙里，努力承接阳光雨露，顽强生长在严酷的环境中。

"幸运的人一生被童年治愈，不幸的人一生都在治愈童年。"这句话虽然说得残酷，却是必须面对的现实。既然已经发生的过去无法改变，那我们就从还未发生的未来着手，向前看，寻找改善甚至改变的钥匙。解铃还须系铃人。作为父亲，我们现在能做的，还是"守护"两个字。在孩子的自我修复过程中，守护孩子不要超过他能承受的极限，协助他疗愈自己，努力在孩子身边重塑坚固的城堡和安全的港湾。

怎样守护呢？我觉得还是爱与希望。幸好，您对孩子不缺爱，更不缺希望。

所以，我相信，您会转变想法，及时调整心态，坚定信心，倾听孩子的倾诉，理解孩子的担忧。

我相信，您会舍弃不健康的生活方式，远离烟、酒、游戏，选择更多的机会与孩子一起阅读经典，走进自然，谈天说地，共同发现新的世界，创造更多的亲子时空。

我相信，您会将孩子的学习、生活的成果一一记录下来，为孩子的每一个成功由衷感到高兴，肯定孩子的努力，悦纳孩子的失败。

我相信，您会在孩子不自信和自我怀疑的时候，提供家的温暖与支持，告诉孩子，他并没有自以为的那么差劲，让孩子维持健康积极的生活状态。

我相信，您会在以后的日子里，和孩子的母亲一起，想办法陪伴孩子经历成长的风雨，让孩子知道解除的是关系，不能解除的是爱。

我相信，您会在新的挑战中，勇于应对，战胜困难，在磨炼中强大自己的内心，成为更好的自己，也成为孩子更好的榜样。

我相信，您会在遇到棘手问题自己无法解决的时候，寻求专业指导和帮助，正确、科学地处理矛盾。

我相信，在您坚定、温柔的守护下，孩子会越来越坚强和勇敢。

我相信，在可期的将来，您就能放手，目送孩子劈波斩浪，独自远航。

因为，我们都相信，家，是孩子创造美好未来的根基，是生活的延伸，更是幸福的延续。

默

## 53 孩子想留学,怎么办?

**昵称:雪绒花　　年龄:41　　职业:私营企业主**

我女儿已经初三了,自从上次班里来了一位在日本留学的小姐姐做励志演讲后,她就心心念念着也要出国留学。她总是说小姐姐的仪态是多么大方,小姐姐的举止是多么得体,小姐姐的自立能力多么强。后来我跟她班主任也了解过,那位漂亮的小姐姐是语文老师原来的学生,现在是在东京上女子高中,假期来看望老师。老师看她这两年进步很大,趁机让学姐做励志讲演。没想到学姐太有魅力,我的女儿竟然也要急着出国留学。留学的话题,我们全家很早就交谈过,在我们的规划里,是希望女儿大学毕业后,再出国读研究生长长见识看看世界。那个时候,女儿也长大了,自立能力强了,出国才放心。可现在她急着想学小姐姐,这么早出去,利多还是弊多?出国前的准备又是什么?中考还要不要准备?我们都非常迷茫。

亲爱的雪绒花：

你好！不着急，我们慢慢分析。在决定是否出国前，我们要先明确两点：第一，仪态举止和自理能力的养成与是否出国并没有直接关系，在国内通过一定的锻炼也完全能达到仪态大方、举止得体；第二，出国留学的时间不是只有高中和研究生两个选择，理论上来说任何一个时间点都可以出国读书，目前出去的途径也越来越多，这不是非此即彼的选择，不用太慌张。

我们先来聊聊出国读书前需要考虑哪些问题吧。当然现在的路千千万，我就只说我认为比较重要的一些。

（1）目标国家/地区：①与我国的外交关系、前景如何，我们对于当地文化、社会环境以及学制、医疗体系是否有一定的了解；②孩子需要有一定的基础，能够运用当地语言学习专业课程。

（2）学校：①如果没有明确具体的学校，那么对于要去怎样的学校有没有要求（公立/私立，女校/男女混读，地理位置等），不要只重视排名，如果有机会尽可能实地探访，不同的学校对学生自身的素质也有不同的要求；②如何与学校建立联系：请注意中介不是必需的，他们也未必可以提供最合适的选择，现在国外高中在中国办分校以及中外高校间的各类交流项目都越来越多，这些都是途径。

（3）家里支持：如果孩子高中出国，要做好本科硕士等都在国外的准备，家长是否陪读也是需要考虑的。

比起这些外在的，我觉得相对更重要的是孩子的心理能力、性格脾气等这些个人因素。我们讨论这些不做任何优劣价值判断，就只是对孩子能否较快适应国外生活有个大致的估计。首先，孩子要有稍稍成熟的心理、一定的承受和消解能力。现实往往跟想象的不一样，出国之后所有碰到的惊喜和不顺都得自己接着。因为对于一般家庭来说，在国内的家长能给予在国外的孩子的帮助非常少。同时，也要考虑下面这些问题：

（1）孩子的自立和自控能力如何？包括学习上和生活上。国外学校的管理一般不会那么严格，孩子需要具备良好的学习习惯才能真正学有所获，否则很容易得过且过。生活能力可能是其次，加上现在科技发达，基本能力都能培养。但对孩子是否有一定的自制力和判断力的考量是非常重要的，国外的课外时间长，环境一般更多元，基本的明辨是非和自我约束的能力是保证孩子不会误入歧途的重要要素。

（2）孩子会非常抵触和陌生人交流吗？目前，大部分学校里外族面孔还是少数，如果孩子没有勇气主动和别人交流，他的海外生活会很孤独。虽然孤独总是难免的，但没有朋友可能意味着没有完全融入那个环境，他遇到的挫折可能会因此放大。

（3）孩子如何看待"不一样"？在另一个国家学习生活就要面临不一样的文化、饮食、人们做事情的方式、看待问题的角度等都可能和自己原来的大相径庭。平时生活里或大或小的不同，您的孩子是否愿意宽容接受？当然，不是说这些是出国的必要，但可能会让孩子遇到难题时更容易化解。

那不同年龄出国有什么利弊呢？我们这里只讨论高中以后出国，年龄再小一些可能会涉及其他问题，就不岔开来说了。分析前，我还是想说，所有选择都是个人独有的，别人的选择不具有完全的参照性。但通常，一段跨文化的生活经验对个体的成长是有益的，它让人意识到很多事物的存在方式不是唯一的，开阔眼界有助于个体进行更多的思考。

每个人成长的时间节点都不同，但就大部分孩子来说，年龄稍大一些，比如上了大学，他的生理心理都会更成熟，通常初步形成了自己的三观。

他接受了多年的中国传统文化的熏陶,习惯这个社会的运作方式,文化烙印深,一般会对祖国有强烈的归属感。他在这时候出国更多的是主动地看世界学知识、思考人生、认识自己。相对来说,父母操心会少一些。可惜的是,这段出国学习时间可能不会很长。当然如果要在当地就业或深造等,这是后话了。而孩子年纪越小,出国的体验可能越丰富,毕竟时间长(即便如此,在国外如何生活仍取决于个人,住宿舍、和中国朋友一起玩、点中餐外卖,无论是在上海还是伦敦差别恐怕都不大,互联网和全球化让这些选择越来越容易,也让文化界限越来越模糊)。生活环境的变化可能会让他们比同龄的在国内的孩子思考得更多,有独立的想法、更鲜明的个性。但是如果孩子无法适应,可能会麻烦一些,毕竟最现实的一点,再回国准备高考,难度必然不小。有一点需要留意的是,目前西方社会对中国的偏见仍根深蒂固,多元观点的碰撞(甚至是强烈的偏见)可能会让年纪小的孩子难以招架,尤其是还在确立三观的孩子。那些最后适应得很好的孩子们,可能会更倾向留在国外生活工作,对中国社会和文化的接受和联结可能会少一些。对于家长来说,如果没有一起出国,参与孩子成长的时间就会少很多,而这段孩子在外磨炼的时间可能正是她成长的关键期。

希望说到这里,你的心里能稍微镇定一些。至于中考是否要考,因人而异。和孩子一起分析她需要花多少精力准备出国,多少精力准备中考,对这两者又分别有多少预期。充分比较需要投入的精力和可以有的预期,选择就会明朗很多。辛苦总是必然的,这还只是出国的前奏呢。但是困难总是能克服的,也不用太心急,没有人规定下学期必须出国,未来的路还很长呢。

渝钦

## 54 对班级座位安排不满,怎么办?

昵称:宝妈　　年龄:40　　职业:企业会计

我女儿的个子在女同学中算是比较高的。这学期,她被分配到了最后一排。后面几排的同学很"活跃",老师很难关注到我女儿。尤其是女儿的同桌,整天叽叽喳喳,话很多,严重影响女儿的学习。起先,我很委婉地向老师提出换座位,说女儿腿长,上身短,虽然个子高,但坐下来前面的同学会挡住她的视线,想请老师"照顾照顾",调到靠前一点的位置。老师说班里的排座位是公平的,一律按照身高来排。如果每个同学都想坐到前面,还怎么排的过来呀。我不放心,以送学习用品为由,偷偷地去过几次,有两次发现后边一排同学确实不认真,有讲话的,也有趴着睡觉的,我实在是担心啊。于是又跟老师提,说女儿视力不好,坐后面看不清。老师说现在的近视率很高,视力不好就配副眼镜。老师还在班级群里说,要大家体谅班主任排座位的难处,不要再让他为难,大家都要公平,按身高来是唯一公平的做法。我该怎么跟老师说,才能调动座位呢?

宝妈：

感谢您对我的信任，我非常欣赏您这样直言不讳的家长，就以一个家长、班主任以及旁观者的身份来跟您说道说道吧。

您所说的事情是一个常见的现象，其实您别小看每一次、哪怕很小的座位调动，当班主任的没有不为排座位发愁的。学生的近视率高了，家长都想让自己的孩子有一个好的座位、好的学习环境；学生自己也有了主见，和谁坐、不和谁坐的请求。这些因素时时牵动着每一个人的神经。

说实话，也挺难为您了。您亲自深入班级了解孩子的情况，看到女儿被分配到了最后一排，而且后面几排的同学很"活跃"，女儿的同桌，整天叽叽喳喳，话很多。于是开始担心孩子听课的效果，怕影响孩子的成绩，以身高、近视等理由希望老师调位，但是被老师以这种或那种理由拒之门外。学生有学生的想法，家长有家长的担心，老师也有老师的难处，所以排座位必然引起学生敏感、家长在意、老师烦心。

苏霍姆林斯基说："教育首先是人学。"陶行知说："教育是心心相印的活动。"可以看出教育的关键是人，人与人之间的活动，我们应该把孩子当作一个独立的个体，尊重孩子的意见。如果我们能站在孩子的角度，以孩子为中心，替孩子想一想，也许我们就能成为孩子最受欢迎的家长和老师。老师和家长都是为孩子好，那我们能否从孩子入手来解决这个问题呢？说不定能达到意想不到的效果呢？

宝妈，孩子的问题，您可以试一试让孩子自己来解决，放心吧，相信她会处理好的。您首先和孩子谈谈。俗话说得好：鞋大鞋小脚知道。因为孩子的同桌是学生而不是老师，同桌是否合适也只有孩子才有切身感受，而不是老师满意就行，也不是家长满意就行。宝妈，您可以问问女儿座位的情况：后面几排的同学很"活跃"，老师是否能关注到她？同桌是否整天叽叽喳喳，是否影响她的学习？聆听孩子的想法，如果孩子不提出这方面的要求，我们一般就不要强调座位的好坏，因为只会学习不会合作的学生是不能适应将来的社会的，所以让孩子学会跟各种各样的人相处非常重要。

当然，如果了解到您的孩子和同桌总是闹矛盾，或者周围的环境影响到了孩子的学习或心理；或者您的孩子胆小内向，什么都不敢说，总是忍气吞声；或者您的孩子眼睛真的近视及其他特殊问题，家长都要耐心地聆听孩子的感受及想法，并引导孩子该如何与同桌相处，鼓励孩子从不同角度思考问题。如果孩子还是执意要求换座位，我们可以告诉孩子："这是你自己要求的，你应该自己去向老师说明情况。"

我想起了几年前我儿子调座位的事情：儿子从乡下的中心小学转到县城第三小学几天后，回家告诉我：刚到新的班级，班级的人多，老师安排他坐在最后一排，他的同桌是全班成绩倒数的学生；英语老师管不住学生，只要上英语课，后边的同学就开始说话，把英语老师都气哭了，造成了课堂的混乱，听不清讲的什么。儿子的目的很明确——是想让我找老师给他调个座位。其实我也想找老师，但刚到新学校，就提要求，怕老师对我们家长和孩子印象不好。怎么办呢？

我只好从儿子入手，鼓励儿子说："当英语老师讲课你听不到的时候，尽量认真听，我们回家以后用点读机，再认真地点读几遍，弥补课堂上学习的不足。儿子，遇到困难应该自己想办法解决，你如果能不依靠父母解决这个问题，那我们会为你骄傲。如果实在无法解决，再让爸爸妈妈帮忙吧！好吗？"就这样，儿子听了我们的建议，上课排除干扰专心听讲，放学回家利用点读机认真学习，比平时学习要付出双倍的努力。坚持了两个星期以后，儿子的英语成绩排名全班第一，全年级第二，全班同学惊呼："你怎么坐在那个位置还能考这么好的成绩？"相信这个成绩也惊动了老师，不用说，班主任就给我儿子调了座位。

儿子锻炼了自己的能力，最后也换了座位。孩子的情况各异，但不论怎样鼓励孩子，行动是最好的方法。

但是，如果孩子因为某种原因实在不愿意告诉老师，那么您可以代孩子向老师如实反映情况，在反映情况的时候，只需强调孩子的问题，无须直接提出换座位。有经验的老师经过观察，如果发现您所说的问题确实存在，一定会主动给孩子换座位的！

不过，我们可以给班主任提一些有建设性的建议，比如流动同桌、学习小组等等，让老师感受到您非常支持他的工作，相信老师也不会忽视家长的想法，说不定会采纳您的意见，以某种形式给孩子调了位子。

宝妈，我们无论采用哪种方式给孩子调座位，都是为了孩子。教育其实很简单，就是拉起孩子的小手，给他指路，然后静静地陪他一起前行，看着他变得越来越强大，直到不再需要我们，自己找到路。我们要相信孩子！

灵兵小蜗牛

## 55 如何在同学间的鞋车攀比中帮助儿子?

**昵称:上善若水　　年龄:42　　职业:打工者**

我和妻子都是打工的,收入并不高,但维持基本生活也没什么问题。可是,儿子升入初二后,常常因为鞋子和自行车问题苦恼。买了价廉物美的轻便帆布鞋,同学笑他连运动鞋都买不起;买了运动鞋,同学又笑他不是大品牌,太廉价;买了大品牌运动鞋,同学更是笑他,说他买的是山寨货。他说自从学校统一穿校服以后,男同学都是悄悄地在比鞋子。很多同学一双鞋子就得好几千。儿子说,他的自行车也是同学嘲笑的对象,同学们都骑时尚的赛车、山地车、沙滩车什么的,每辆价值几千甚至几万,全班就儿子一人骑的是普通的200块钱的自行车,他们嘲笑儿子是"老爷爷骑老爷车",有一次还把儿子的坐垫挖了一个洞。我们不想跟别人攀比,也没有实力比,可是,儿子被嘲笑,身心受到伤害。这些,难道学校就不管的吗?

**上善若水先生：**

您好！首先，如果您并不清楚学校老师对此事究竟有无采取措施的话，建议不要先下定论。若是您已确定您的儿子向老师反映过，并且老师没有采取干预措施，也不必因此认为是学校、老师不负责任。面对攀比现象，老师的介入或许会扩大其他人对此事的注意，并且可能更会引起更多学生下意识地开始关注物质方面的不同，所以，从根源上降低影响甚至避开攀比的暗流，需要靠孩子自己。

攀比，是一个典型的社会群体现象之一。也就是说，它在个体与个体间其实联系并不强，而当个体愈发在意自己与其他个体间的联系时，其实是自己步入了攀比的漩涡。正如您所言，您买了运动鞋（运动鞋是的确需要的，我个人认为帆布鞋跑步有可能会卡脚），后又换了大品牌运动鞋，这种刻意的更换行为说明了您和您的孩子已经主动关注并进行攀比，主动让旁人对您的孩子的衣着用品产生额外注意。

所以，这根本不是鞋或者车价格便宜的问题，照这个势头来看，无论之后又换了多么名贵的物品，同学也依然会将此行为当作笑话来看，因为这已经从攀比转变为针对您儿子的笑柄。您和您儿子过于在意这类问题，并且主动将攀比进行下去，助长了攀比的风气，而非单纯因为其他同学的攀比行为或者老师无作为。

注意就如同传染源，多一个人的关注就会产生无法估计的连锁反应。在这一点上，不得不提到几句有名的网友神回复："关我屁事。""关你屁事。""还有这事？""就你事多。""你想找事？"这在日常的人际交往中也很通用。校服的存在极大地限制了学生间物质比较的手段，所以最直观而纯粹的比较就是学习成绩的高低，它拥有普遍性的高优先级。不客气地说，如果一个人的学习水平高到一定的境界，若是旁人还揪着衣着和生活用品的价格做文章，那只会格外显得这些旁人很愚蠢且能力弱小——难道这些用品的钱是靠学生自己的劳动挣来的吗？不，我相信绝大多数是家长出钱买的。所以，初中学生在这件事情上嘲讽同龄人，无异于主动告诉别人："我把快乐建立在物质攀比、嘲笑他人物质不如我家上，我真幼稚。"

如果他们所做的仅是言语的嘲笑，我提出的参考意见有以下三条。

第一，不用为此购置过多的同一种类物品（如持续非必要地换鞋），这样只会助长攀比的风气。

第二，鼓励儿子用分数碾压他们。如果您的儿子已经对此忍无可忍，感觉再待在这个班级会让他难受和愤怒，可以直接挑明"还有一年多你就毕业熬出头了，考上顶尖的学校就不用再见到那群低级趣味的家伙，优秀学生在乎的是你的成绩是否能与他们比肩，而不是生活用品的价格"。

第三，运用上面提到的网友神回复的几句话，直接无视，不出恶言，懒得参与攀比，让他们自己玩儿去。

但是，以上三条仅限于他们只是口头嘲讽。如果您已确定自行车坐垫的洞是他们故意挖的，鉴于他们已经侵害了他人利益甚至演变为校园欺凌，这个时候就直接让老师干预，都破坏物品造成实质伤害了还轻易原谅他们？显然不可能，口头教育不够，这种幼稚而恶劣行径远不能靠一句"对不起"抵消，最好抄几遍《中学生日常行为规范》和其他长篇文献。已经是中学生了，该有点承担责任的意识了。

确保他们至少不会再次损坏他人物品甚至施加武力时，可以尝试一下我之前提到的三条意见，仅供参考。如果自行车坐垫被挖洞的事件已经过去蛮久，或您觉得深究不需要，也可以选择让老师恰当地暗中注意，这比较考验老师的育人（而非教书）水准。

又及，既然您儿子已经初二，好好学习的话不需要多说。为了物质问题而苦恼,不如让孩子考虑如何才能跟同学建立善意的关系,并可以让孩子观察那些班级里更受欢迎的同学是如何与他人相处的。若将这种嘲笑继续催化成敌视的话,毫不夸张地说,您孩子在初中的剩余时间或许过得比较难过,而且由于偏见已经种下,那么即便老师从中调和也无济于事,甚至可能起到反效果。

祝摆脱困惑。

过午

## 56 不满现在的老师配置想转学,怎么办?

**昵称:那水　　年龄:42　　职业:平面设计师**

我的困惑是孩子要不要转学。我儿子五年级了,他低段的老师都比较优秀,到高段换了老师后,我觉得现在的这位语文老师理念比较落后。她上课比较古板,都让学生端端正正坐好;作业要求也老套,不讲创意,只是一味强调格式;不鼓励学生发表自己的独特的意见,总是给学生标准答案。这都什么年代了,这样的教育,怎么能教出有创意的孩子呢?现在的小孩子都喜欢老师年轻貌美,幽默风趣。可现在的这位老师,一样也对不上。别的家长有意见却只会私底下嘀咕,我可不管那么多,就去找校长投诉了,要求换老师。但是校长总是变着法帮老师说话,现在我们的处境也挺尴尬的。我们换不了老师,我在想能不能换个学校呢?万一换了学校,又遇到不理想的老师,怎么办呢?

**亲爱的那水：**

见字如见人，先向你问声好！

读你的名字，感觉好有意境。"上善若水，水善利万物而不争，处众人之所恶，故几于道。"那"水"，有自己独特的处事之道，不管处在哪里，总能恰如其分地与环境交融，使人如鱼得水，如沐春风。

你的职业和你名字中的"水"给了我一种启示：在这个世界上，有一种处事和创造的无上境界，就是如水般灵活变化，遇强则强，遇弱则弱，遇刚则刚，遇柔则柔。我想这是需要我们一辈子去学习和修行的处事之道，你我需要，你的孩子也需要。

你知道吗？咱俩很有缘分哦，你的某些特质和我很相似。比如你很注重孩子的个性和创意教育，遇到问题会积极主动与人沟通，主动积极寻找解决的办法。这是一个有创意而又有个性的人坦率、真诚、勇敢的表现，为你点个赞！

你想通过改变环境来改善孩子的学习成长空间，给孩子提供你认为的最好的教师和教育方式，对孩子的关心跃然纸上，我深深理解。人们都说，未来的社会需要创意出彩的人才，所以你千方百计想创造良好的教育条件，让孩子创造想象的能力得以提升。当你认为孩子的教育正在掐灭他的创意时，我猜你此时此刻已经陷入矛盾困惑当中，焦虑、烦躁和担心等低潮的情绪已经席卷了你，让你无所适从。我邀请你找一个安静的空间坐下来，双脚稳稳地踩在地面上，双手平放在膝盖上，让脊柱保持直立。然后请你闭上眼睛，做几个缓慢而绵长的深呼吸，每一次呼气的时候感觉肩膀的两个点落下来。就这样，让体内低潮的情绪飞一会儿，让身体慢慢放松下来。

当身体放松后,让我们调用自己的"潜意识",问问自己体内智慧的小宇宙:孩子到底要不要转学呢?

这刹那,我的心里蹦出一堆如下问号:

"上课端端正正坐好,作业强调格式,给学生标准答案",老师的这些要求,有它正面的意义吗?

如果有正面的意义,会是什么呢?

这些正面意义会给孩子带来怎样的能力?培养孩子怎样的习惯和品质呢?

这是大人对老师不满意,还是孩子对老师不满意呢?

孩子的意愿又是什么呢?

孩子自己想转学吗?

如果孩子真的转学了,他会遇见怎样的可能性呢?

……

当你和自己的潜意识认认真真放松对话后,我猜你可能有了新的触动,也有了心念的转化。

作为一名曾经对孩子教育有过重重困惑和矛盾,经过学习后改变了自己观念和做法的家长,我分享几点我的感受。

第一,父母给予孩子的信任对孩子的学习成长非常重要。当父母充分信任孩子的时候,孩子会获得莫大的支持和鼓励。他会在跟不同老师的学习中,学会观察,学会辨别,学会思考,掌握辩证思维能力。这样,孩子未来面对不同的人,就会有智慧去甄别,有胸怀去包容,有眼光去欣赏,灵活与人相处。而这,不就是生活中善于发现美、创造美的一种品性和能力吗?

第二,真正影响孩子言行品德的是父母言传身教。父母多看问题积极正面的一面,无形中展示了父母看人处世的视角,给孩子做出了示范。家长善于发现老师的优点,和孩子聊起时,多说说老师的优点,这样对孩子起到"亲其师信其道"的作用,对孩子的教育无疑是有积极影响的。

第三,学习是孩子的事情,父母一定要尊重孩子的选择权。父母的担心、焦虑甚至恐惧,投射的往往可能是父母小时候自己的一些经历、一些情绪体验和那个物质匮乏年代父母对未来的担心恐惧,而不一定真的是孩子自己的情绪体验。所以父母可以和孩子好好交流,了解孩子的情绪、想法和需求。这样父母才能有的放矢,给予孩子充分的肯定,提供孩子所需要的支持。也唯有这样,父母才能做到真正有效地支持孩子,让孩子充分感受到父母的爱,并且因为爱而无惧现在和将来!

夜凉如"水"!夜已深,我的分享就到这里了。感谢你的信任,愿我今晚的文字能给你一些帮助和启发,也愿你早日在这份"困惑"中收获成长的意义和价值!最后祝你和孩子一生顺风顺水哦!

香草味的蓝色星空

# 57 不想微信群接龙,怎么办?

昵称:宇爸　　年龄:42　　职业:精算师

我对孩子班级群里大量的接龙活动、上传视频活动有意见。我的工作性质,使我上班时间不能用手机。下班后,我也不是每隔一两小时就看看手机的人。可是,现在孩子的班级微信群里的接龙活动太频繁了,已经影响了我的生活习惯。我知道,有些活动,班主任也是没办法,是上级要求"小手牵大手"的,像禁毒、五水共治、文明城市等等,往往都是关注公众号、做问答题等,每个部门都是通过班级微信群来宣传、统计。一年下来,这些要求越来越频繁,而我常常是"烦不胜烦"。

还有些活动,是班里的学习活动,也都要求接龙。比如,每天晚上作业完成了要在群里接龙,我儿子作业写得慢,看别人都完成了,我们就有些焦虑。现在,接龙和传视频越来越多了,每天晚上,体育锻炼要拍视频上传,课外阅读、背书等等都得这么做。孩子本来作业量就多,这样子孩子和家长需要多花费好多精力,所以希望老师能体谅我们,可大家都不说,我也不知道该怎么跟老师说。

宇爸：

你好！作为一名教师，我非常感谢你的意见。你的想法让我也陷入了思考：如今，我们的教育怎么了？我们的校园怎么了？学生的学习任务似乎被加上了很多"政治任务"，我们的家长也似乎有了很多"负担"。这一切的一切似乎听起来是那么的不合理。人们都说现在是"拼爹拼妈"的时代，看来这不仅要拼我们为人父母的时间和精力，还要拼我们的能力和耐性。你说对吧？宇爸！

宇爸，在你的字里行间，我感受到你的反感和无奈，你很想和老师沟通，改变现状，但又认为老师也是身不由己，也是情有可原，所以你不知道如何开口。好，那我们先不去考虑如何和老师沟通的问题，来提炼下你所反映的问题，好吗？

在信中，你反映了两方面的问题：

其一，上级或政府部门布置的打卡任务影响了你正常的生活。这些任务和我们的城市建设有关，比如禁毒、五水共治、文明城市等，政府需要我们学校也能参与到城市建设中，在打卡中了解国家政策和文明进步。但是因为你的工作性质和工作要求，上班不能用手机，也无法及时关注手机里的信息，这让你感到了无奈和烦躁。

其二，是和孩子学习相关的。在班级群里打卡孩子每天的学习情况，如背书、阅读、体育锻炼等任务，以便老师了解孩子在家的学习生活情况后，更好地进行家校联动。然而因为群里的打卡信息，让孩子和你都感觉到了焦虑，焦虑的原因是你的孩子动作慢，在打卡进程中落后了。

我提炼了下你所反映的两方面内容，或许你还有补充，这都没关系，我们就这两方面来分析分析，可以吗？现在，我邀请你来感受你的情绪，它可能焦虑,可能烦躁,可能无奈,可能还有其他,你尝试去感受它。方便的话,可以轻轻地闭上眼睛,关注自己的呼吸,来静静地感受你的情绪,慢慢地接受你的情绪,它们一直与你同在。宇爸,这个时候,你可以轻轻地告诉自己"我接受焦虑,就如接纳自己的不完美"。对啊,即使有不好的感受,不良的情绪,即使现在问题没有解决,那些都是我们的一部分,我们先去"看见"它们。"看见"就是改变的开始哦!

现在,你已经看到自己的情绪了,那我们来谈谈如何解决你所提到的问题吧。在文字中,你提到:希望老师能体谅我们,可大家都不说,我也不知道该怎么跟老师说。那"大家都不说"的原因是什么?你有和其他家长交流过吗?你有了解过其他家长的想法吗?如果没有,我想你可以了解下,可以在其他家长的建议中找到共鸣和与班主任沟通的办法。如果有,你在和其他家长的沟通过程中学到了什么呢?有什么启发呢?还有"我也不知道该怎么跟老师说",看来关于解决这个问题,你是比其他家长要急切的,也是比较焦虑的,想尽快解决当下的境况。这样的心情真的来自"打卡"这件事吗?你来仔细想想,是这件事让你焦虑了,还是你的看法让你焦虑呢?为了帮助你来看清楚这点,我可以给你打个比方。

你说:"每天晚上作业完成了要在群里接龙,我儿子作业写得慢,看别人都完成了,我们就有些焦虑。"这是你的看法,我们能不能换一种看法,那就是:"接龙的时候,看别的同学都完成了,那么儿子写作业的速度需要加强,专注力需要提高了!""作为爸爸,我要帮助儿子找找落后的原因是什么,以便儿子学业有所进步。"这样的话,看似让我们焦虑的接龙是不是也有"存在"的意义了呢?再比如,"孩子本来作业量就多,这样子孩子和家长需要多花费好多精力",你这个看法,也可以尝试从另一个角度去思考:"好家长胜过好老师,通过家校合力,通过我们家长的监督和配合,我们的孩子可以更加有效地完成任务,帮学校的老师们减轻教学负担,毕竟孩子是我们自己的孩子，给家长们更多陪伴孩子的机会，真不错！"

宇爸，不知道你看了我打的两个比方有没有什么不一样的想法，或者有没有带给你一些思考呢？如果有一点思考的话，我相信你会调整自己的看法，以更好的方式和老师沟通。我想班主任听了你的想法，一定有更好的解决方式来帮到你。

心语馨晴

## 58 女儿不适应变凶的老师,怎么办?

昵称:轩妈　　年龄:45　　职业:(全职太太)

女儿的班主任请了产假,数学老师就接手当了新班主任。女儿说,数学老师本来是挺好的一位老师,和蔼、幽默,同学们都很喜欢他。可是,自从当了班主任,就像变了一个人,突然就凶了。每天早上,他比孩子们都早地到校了,就在教室门口检查作业,谁不合格,就在家长群里发批评单,语气也很严厉。上课的时候也变得凶巴巴的。女儿和同学们对数学老师的这些改变都很不适应。班主任,难道就不能和蔼、幽默吗?我们多么希望他能和原来一样和蔼,可是,大家都不知道该怎么跟老师说。他现在天天批评学生,都没有教师魅力了,我女儿都不喜欢数学了,怎么办?

轩妈：

你好！我已明白了你的困惑和焦虑。你女儿原来的班主任因为请产假，班主任就由本班的数学老师来担任了。数学老师从原来和蔼幽默变得有些严厉苛刻，上课也变得凶巴巴的。让你女儿由原来对数学老师的喜欢变得抗拒，甚至厌恶学数学。我理解你的焦虑和担心，因为，我女儿读书的时候也曾经有过这种情绪，而且，我也曾被深深困扰过。接下来，我想和你聊聊我的看法。

其实，你女儿碰到的换班主任的情况在学校里是经常发生的。坦率地说，小学、初中、高中都有，甚至是将来的大学。班主任由其他任课老师接任，习惯于原来班主任模式管理的学生，尤其是低龄的孩子会有些不适应，对新上任的班主任的管理方式会有意无意地抗拒。你女儿为此感到苦恼，说明她还是比较注重情分的，也是很想读好书的。祝贺你！你有一个懂事的女儿。至于数学老师为什么由原来的和蔼幽默可亲变得苛刻严厉，具体的原因，我不清楚，我也不好过多评价。

但是，在我看来，这种转变是非常正常的。我曾经担任过12年的班主任，还曾评上过市级优秀班主任。让我同你一起分析一下。首先是因为女儿的数学老师在班级里的角色、地位和任务变了。以前，他只要把数学教好就行了，孩子们只要学科成绩好，他就可以对孩子们保持适当的距离以及相应的礼貌。虽然，每个老师都有教书、育人的双责，但实际上，除了课堂上的纪律管理，现实中，如果不是班主任的要求，任课老师是不会过多地介入班级管理的，这也是对班主任的尊重。现在，你女儿的数学老师要承担起学科教学和班级管理的双重任务，他的教育教学方式肯定会有所变化，甚至情绪上也会受到影响。就像是我们对自己的孩子和对别人的孩子的要求也会有所不同。热恋中的对象和婚后的夫妻对深爱的同一人态度也会有所不同,因为角色变了。当然,也有相处方式一直不变的,但极少。你女儿的数学老师如果能始终保持和蔼可亲,那自然是最好不过了,但是,如果他的工作方式有所改变,那也是正常的。毕竟,班级管理任务更重,头绪更繁乱,有时也影响到他的上课情绪和方法。严厉一些,情有可原,毕竟"慈不掌兵"。

那么,接下来,我们应该怎么办?我有以下建议,你看看是否可行?

(1)相信学校安排,尤其是信任数学老师。既然他以前能这么和蔼可亲地把数学教好,也相信他能把班级管好。

(2)建议走访一次学校,走访一次数学老师,具体地了解一下数学老师到底管理得怎么样,是多数人不满意,还是少数人不满意?

(3)多方面了解一下女儿不喜欢数学课的真正原因:难度跟不上?学习方法不对头?学习习惯不好?老师教学风格不适应?基础知识不扎实了?情感困扰了?身体健康跟不上了?这些都要仔细了解。

(4)维护老师的权威,帮助女儿做她能改变的,尤其是帮助她适应数学老师新的教育管理方式。

(5)根据光晕效应原理,离光源越近,越受影响。你女儿心理焦虑和不安,也反映了她的上进心。最后,请永远不要放弃孩子,也不要轻易地迁就孩子,深情地约束,温柔地坚持。

祝你早日解除自己的忧虑,祝你女儿学习进步!

朱旭南

## 59 孩子不能忍受同学身上的气味,我该怎么办?

昵称:文　　年龄:39　　职业:文员

几个月前,孩子跟我谈起学校里的事情,说前座的女孩腋下有气味,严重影响了自己的学习、生活,给她造成很大的困扰,她又不好意思跟老师说。我觉得她有点夸大事实了,虽说鼻子很灵,但别的同学能忍受,就她不能忍?我还批评了她,让她把精力放在学习上,别总想那些没用的事情。后来,她又跟我提了一次,我那会儿忙家里的装修,没放在心上。没想到,一向乖巧的她竟然冲我发了脾气。最近,她放学回家,不再和我说学校的事情了。一回家,跟我打过招呼后,就钻进房间里,还上了锁。为此,我想请教一下,就这个尴尬的话题,我该如何有效地和学校里的老师与同学沟通呢?

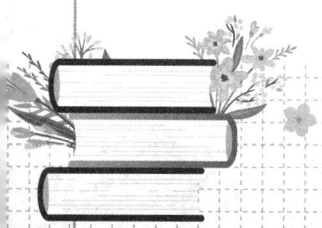

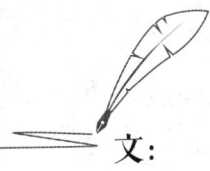文:

您好!不瞒您说,我也有和您女儿类似的经历。我的嗅觉非常敏感,很多人闻不到或者觉得轻微的味道,对我而言却有些强烈。假如我以手捂鼻,似乎显得有些不礼貌。假如我不做任何应对,我的鼻子实在难受。每遇这种情况,我的内心也非常纠结。若是在普通的场合,我挪个位置就可以解决。但若像您女儿一样,正在上课时间,不能随意走动,时不时闻到异味,这的确令人难以专心学习。我想,您女儿并非故意夸大事实,而是她真的深受困扰,但又难以向老师、同学开口,毕竟这是个尴尬的话题,对吗?

您的女儿是个乖巧懂事的孩子,她不好意思直接和老师、同学说,应该是怕同学感到尴尬。所以她选择回家告诉您——她最信任最亲密的人。也许她是希望向您倾诉,缓解压抑的情绪;也许她是希望向您求助,找到更好的解决办法。但您给予她的回复是一顿批评和不以为然的态度。这就使她的烦恼没有减少,反而增添了一层失望。第二次,她试图再寻求您的帮助时,您没有及时倾听,这就使她愈发失落、生气,从而对您发了脾气。

您觉得女儿为什么会冲着您发脾气呢?是因为前座同学身上的气味让她觉得不适,还是您对她的态度呢?我想,答案是后者。对于孩子来说,当他们遇到困扰时,影响他们情绪的不仅是事件本身,更是来自他们寻求帮助解决问题的过程中他人的态度行为。文,从您的描述中可以清晰地看出,影响孩子情绪变化的众多因素中您对待她的态度和行为影响最大,可能"腋下气味的影响"只是导火索。在您急于想帮着孩子解决"腋下气味的影响"之前,如果您带着对青春期的女儿有更多理解的态度,我相信对解决该事情本身、今后可能会出现的事情及亲子关系的培养都有着事半功倍的效果。

让我们一起来思考几个重要的问题吧！

第一，您视孩子的事件为"麻烦"还是"机会"？我特别想跟您分享一个理念：对于孩子（特别是青春期的孩子）来说，事情本身不可怕，而父母如何看待及处理他们的事情才是关键。我想和您分享一个作家的故事。他叫乔希·西普，他写过一本书叫作《解码青春期》，这是我很喜欢的一本书，对于了解青春期孩子很有帮助。乔希·西普就是一位因为父亲把孩子的问题视为"机会"而改变孩子命运的典型例子。乔希·西普是一位孤儿，童年的不幸生活让他在青春期时非常叛逆，以至于他一次次被寄养家庭赶走，直到遇到罗德尼（所寄养家庭的父亲）。起初乔希·西普也惹了各种"麻烦"，如签大量的空头支票，醉酒驾车被警察拘留等。养父罗德尼对他制造的"麻烦"没有多说，帮助解决，直到最后罗德尼说我们应该谈一谈了，这时候的乔希·西普想，好了，终于到这一天了，坚持了这么长时间，还是露出了狐狸尾巴，肯定要赶我走。而罗德尼之后讲了一句话，这句话改变了乔希·西普的一生。他说：你视自己是一个麻烦，但我们视你为一个机会。这也是我想分享给每一个拥有青春期孩子家庭的一句话，当我们视他为一个麻烦时，我们有没有想过，他有可能也是一个机会。文，当您的女儿跟您讲述她的困惑时，您的不理解与不理睬的态度和行为可能会让她觉得自己是一个"麻烦"，所以她生气，不再向您求助。

第二，青春期的孩子是否更需要家长的陪伴与帮助？对于这一点，有人可能会持反对意见，认为孩子已经长大了，很多事情都可以自己独立完成，同时也发现孩子确实不像儿童时期那样会寻求家长帮助，甚至不愿意跟父母多说话。一个孩子在青春期的时候最担心的事情，是他没有更多的时间能够跟自己的父母相处，因为父母、老师不断地告诉他，他长大了，要独立解决问题。所以他很恐慌，他觉得自己总有一天，不能再获得父母的帮助。在这种恐慌的想法下，他会做出很多试探性的动作和行为，如远离父母、生气、不沟通等,来检验父母是否还是一样关心自己、爱自己。现在,女儿不再和您说学校的事情了。一回家,就钻进房间里,还上了锁,这其实就是一种试探性的行为。假如您置之不理或者大发雷霆,那孩子可就真的伤心了。

父母们因不了解青春期孩子的特征,在失望、难过的情绪下,对孩子表现出不满、愤怒、嘲笑,甚至冷漠、忽略、报复等情绪与行为,结果亲子关系出现严重问题。所以,您千万不能忽视,不能冷处理,更不能简单粗暴地处理。假如孩子长期得不到该有的支持,那么他们便会隐藏自己的内心,不愿意与父母交流,甚至遇到困难也不愿意向父母寻求帮助。比如有的孩子学习压力大或者遇到了校园欺凌,却不愿、不敢告知父母,他们认为父母不仅不会帮助他们,反而会打骂他们,因为他们觉得这样的事情只会让父母感到麻烦、生气、丢脸,他们相信父母不再爱自己了。而事实上,青春期的孩子更需要家长们成为他们的可靠、稳定、有趣的靠山。值得庆幸的是,您已经关注到了孩子的异常反应,并在想办法如何有效地和学校里的老师、同学沟通。这就是一个很好的开始。

第三,青春期家长应该扮演一个什么角色呢?我认为是从"交通管制员"到"教练"角色的转变。角色的转变对家长们来说是最大的困难,但也是最为重要的。在青春期之前,家长们基本上扮演的是"交通管制员"的角色,即对于孩子的任何事情"样样管""事事知",如父母会给孩子安排补习课程,告诉孩子该做什么了;孩子上补习班,父母也会全程陪着。因为那时的孩子太小,他确实不能离开大人的监护。但孩子进入青春期,是一瞬的甚至没有特别明显的征兆,家长们不仅得留心孩子的改变,更需要调整自己转变身份,这个新的身份叫作"教练",教练能替球员上场打球吗?不可能。所以家长们要知道,解决问题的那个人,一定是孩子自己,而不是你。

文，我猜最初您女儿告知此事的初心是希望与您分享她的困惑，期待您的信任、理解、支持，而不是简单地希望您去解决问题。即青春期的孩子遇见事情时，真正解决问题者一定是孩子本人，而家长是在陪同孩子解决问题的过程中提供各种支持的人，如情感的支持者、解决策略的提供者、鼓励者、安慰者等。您可以找个机会和孩子好好沟通，问问孩子是不是因为您之前的态度而伤心难过、锁上心门。当您抱着尊重、理解的态度与孩子交流时，孩子一定非常愿意敞开自己的心扉。您可以多倾听孩子的想法，也可以说说你对这个问题的看法，对于孩子提出的解决办法，您也可以给些建议。总之，要在情感上给予孩子最大的帮助和支持，要让孩子知道，她是被关爱着的。

最后，文，期待您不只是想着"问题解决了就好了"，慢下来看向您的女儿，了解她的变化，理解她，支持她，相信她可以解决她的困难，最终帮助她成长。

海灵